Jürgen Zentek

Hunde richtig füttern

3., aktualisierte und erweiterte Auflage
24 Fotos
18 Grafiken
37 Tabellen

Inhalt

Vorwort zur 3. Auflage

Die optimale Ernährung ihres Hundes ist vielen Haltern ein großes Anliegen. Dies ergibt sich insbesondere aus der veränderten Mensch-Tier-Beziehung, die den Hund zunehmend als Mit-Lebewesen des Menschen sieht. Der Hund nimmt eine wichtige Rolle als langjähriger Begleiter des Menschen ein, sodass man ihm gern entsprechende Fürsorge angedeihen lässt. Dieses betrifft sowohl die veterinärmedizinische Betreuung als auch seine Ernährung. Diese muss den Bedarf an Nährstoffen in allen Lebensstadien abdecken, um das Tier bis ins hohe Alter leistungsfähig und gesund zu erhalten. Dieses Ziel ist auf verschiedenen Wegen zu erreichen: Dem Tierhalter stehen dazu eine fast unüberschaubare Zahl von Fertigfuttermitteln zur Verfügung, weiterhin kann er seinen Hund mit selbst hergestellten Futtermischungen ernähren.

Aufgrund neuerer Erkenntnisse ist klar geworden, dass die Versorgung des Hundes mit Futtermitteln bzw. Nährstoffen nachhaltigen Einfluss auf physiologische Körperfunktionen nimmt und dass dieses gezielt zur Gesunderhaltung bzw. bei vorliegenden Gesundheitsproblemen zur Unterstützung ausgenutzt werden kann.

Wie schon mit der ersten Auflage beabsichtigt, soll dieses Buch dem Tierhalter eine Information auf wissenschaftlicher Basis geben, die einfach in die Fütterungspraxis umgesetzt werden kann.

Prof. Dr. Dr. h. c. Helmut Meyer war an der Konzeption und Entstehung des Buches maßgeblich und mit der ihm eigenen Energie und Kreativität beteiligt. Viele Inhalte, die von ihm angeregt wurden, haben nach wie vor Bestand. Leider war es ihm nicht vergönnt, an der dritten Auflage des Buchs mitzuarbeiten. Möge das Buch dennoch in dem von ihm geprägten Sinne hohen Anforderungen an die Qualität und Verlässlichkeit der Daten sowie der Praxisgerechtigkeit entsprechen.

Jürgen Zentek
Berlin

Grundlagen der Ernährung

Aufgrund der heutigen Lebenssituation ist der Hund in seiner Ernährung meistens komplett vom Menschen abhängig. Dieses bedeutet Vor- und Nachteil zugleich. Einerseits ist die Fütterung in der Regel hochwertiger geworden, andererseits resultieren daraus neue Gefahren, zum Beispiel die der Überernährung. Auch kann es relativ schnell zu Fehlernährung kommen, wenn das Futter nicht ausgewogen ist. Der Haushund hat meistens keine Wahl: Er muss fressen, was ihm vorgesetzt wird. Das war bei seinen Vorfahren, den Wölfen, jedoch ganz anders.

Nicht immer nur Fleisch

Durch zahlreiche züchterische Maßnahmen weist der Hund gegenüber seinem Stammvater, dem Wolf, bekanntermaßen teilweise ein komplett anderes Aussehen und Verhalten auf. Doch sein Verdauungstrakt ist annähernd gleich geblieben.

Wölfe ernähren sich in freier Wildbahn vorwiegend von Beutetieren, allerdings nur, solange diese als Nahrungsgrundlage ausreichend vorhanden sind. Im Jahresverlauf gibt es für den Wolf immer wieder Phasen, in denen er keine tierische Nahrung findet. Deshalb sind Wölfe gezwungen, zeitweise völlig andere Nahrungsquellen zu nutzen, beispielsweise pflanzliches Material. Dadurch ist es dem Wolf und somit auch dem Hund möglich geworden, sich über ein äußerst vielseitiges Nahrungsspektrum zu versorgen.

Im Magen von wild lebenden Wölfen bzw. Hunden sind immer auch Früchte, Samen, Blättern und Wurzeln festzustellen. Der Wolf bzw. der Hund ist kein reiner Fleischfresser im strikten Sinne. Wenn es nun im Märchen heißt: „Der Wolf verschlingt seine Beute mit Haut und Haaren", dann ist das gar nicht so falsch: Er frisst nämlich nicht nur das Muskelfleisch, sondern auch Darminhalt, Organe und Knochen der Beutetiere.

Fleisch ist in seiner Zusammensetzung viel zu einseitig, um als ausschließliche Nahrungsquelle zu dienen, und würde als solche auf kurz oder lang zu schweren Gesundheitsstörungen führen. Erst die Summe der Bestandteile eines Beutetiers macht es als Nahrung „vollwertig", d. h. sie enthält in mehr oder weniger ausgewogener Menge alle lebensnotwendigen Nährstoffe. Eine wichtige Erkenntnis für die Fütterung des Hundes ist daher: Fleisch allein ist nicht das „Non plus ultra", und der Hund ist keineswegs so einseitig auf dieses Futtermittel fixiert, wie oft angenommen wird.

Die Erinnerung an die Herkunft des Hundes und die Nahrungsansprüche seiner Vorfahren kann uns vor Fehlern in der Fütterung bewahren. Aber damit ist das Ziel einer ausgewogenen Ernährung längst nicht erreicht: Heutzutage stehen viele aktuelle Forschungsergebnisse über die Ernährung des Hundes zur Verfügung. Daher ist es zweckmäßig, auf der Basis des traditionellen Wissens über die Ernährung des Hundes aufzubauen und die neuen Erkenntnisse dort, wo es sinnvoll ist, zum Wohle des Hundes zu nutzen. Etwas Theorie also muss sein, damit die Praxis stimmt und der Hund gesund bleibt.

Energie und Nährstoffe

Wie alle Lebewesen benötigt der Hund Energie und Nährstoffe, d. h. Brenn- und Baumaterial.

Alle Lebensabläufe – ob Atmung, Blutkreislauf, Bewegung oder Wachstum – funktionieren nur, solange ausreichend Energie zur Verfügung steht.

> Energie wird für alle Körperfunktionen benötigt, in erster Linie zur Aufrechterhaltung der Körpertemperatur, für die Bewegung, aber auch für zahlreiche andere Lebensprozesse.

Die wichtigsten Energielieferanten im Futter sind Kohlenhydrate (Zucker, Stärke) und Fette. Auch Eiweiß kann als Energielieferant genutzt werden, wenn es im Überschuss aufgenommen wird bzw. wenn ein Mangel an Fetten und Kohlenhydraten vorliegt. Normalerweise dient das Eiweiß jedoch eher als Baustoff, da alle Körpergewebe aus Eiweiß bestehen.

Beim Aufbau der Kohlenhydrate, Fette und Eiweiße hält die Natur bestimmte Bauprinzipien ein. Meist sind in der Nahrung viele kleine Moleküle zu größeren Einheiten miteinander verknüpft, es handelt sich also um sogenannte Makromoleküle. Diese werden im Prozess der Verdauung in kleinere Bestandteile zerlegt.

Entscheidend ist, dass im Verlauf dieses Abbaus Energie in kleinen Schritten freigesetzt wird, und zwar in

> Der Begriff „Verbrennung" bedeutet in der Biologie, dass Substrate bzw. Nährstoffe schrittweise abgebaut werden. Dadurch entstehen im Körper nutzbare Energie und Wärme.

Form von Wärme und Speichermolekülen, die Energie aufnehmen und dort, wo sie benötigt wird, wieder freisetzen. Man kann dieses Prinzip der Energiespeicherung fast mit einem wiederaufladbaren Akkumulator vergleichen.

Die Wärme wird teilweise für die Aufrechterhaltung der Körpertemperatur benutzt, andererseits stellt sie einen energetischen Verlust dar. Nach vollständiger Zerlegung der energieliefernden Hauptnährstoffe (Fette und Kohlenhydrate) bleiben Wasser und Kohlendioxid übrig.

Das „Feuer des Lebens" ist also, chemisch-physikalisch gesehen, ein kontrollierter Verbrennungsvorgang, bei dem die mit der Nahrung aufgenommene Energie in einem fein abgestuften Prozess freigesetzt und nutzbar gemacht wird. Die Energie in Futtermitteln sowie der Energiebedarf von Hunden wird in Form der sogenannten umsetzbaren Energie erfasst. Dieses ist eine relativ genaue Methode, um die für den Stoffwechsel verfügbare Energie zu beziffern. Sie nimmt darauf Rücksicht, dass die mit dem Futter aufgenommene Energie nur zu

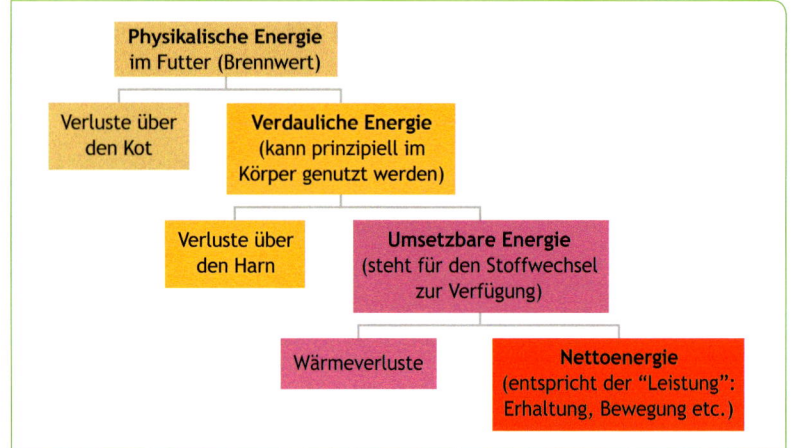

Energie im Futter, die dem Hund nach Abzug physiologischer Verluste (über Kot, Harn und Wärmeverlust) zur Verfügung steht.

einem bestimmten Teil vom Hund nutzbar ist. Der Energiegehalt von Futtermitteln sowie der Energiebedarf von Hunden werden nach diesem Prinzip bestimmt. Für praktische Zwecke gibt es eine Schätzformel, derer man sich bedienen kann, um den Energiegehalt von Futtermitteln zu berechnen (siehe S. 115).

Die umsetzbare Energie kann allerdings nicht gänzlich in Leistungen (Nettoenergie) umgesetzt werden. Bei Muskelarbeit gehen nur ca. 25 % der umgesetzten Energie in Bewegungsenergie über, der Rest wird als Wärme frei. Bei Erhaltung, Wachstum oder

Die umsetzbare Energie wird wie folgt ermittelt:
Umsetzbare Energie = Aufnahme an Energie über Futter – Ausscheidung von Energie über Kot und Harn

Milchbildung liegen die Transformationsraten mit 60–70 % etwas günstiger.

Kohlenhydrate bestehen aus Zuckern. Diese Zucker liegen entweder einzeln vor (Glucose), zu zweien (Rohr- und Milchzucker) oder in Form langer Ketten (Stärke). Eine kettenförmige Anordnung ist nicht nur für Stärke charakteristisch sondern auch für Zellulose. Die Bindung der einzelnen Zuckermoleküle ist in der Stärke so beschaffen, dass eine Aufspaltung durch die körpereigenen Verdauungsenzyme möglich ist, bei der Zellulose dagegen nicht. Zellulose wirkt daher als „Ballaststoff".

Charakteristisch für **Fette** ist, dass sie sich nicht in Wasser lösen. Fette bauen sich aus einem Trägermolekül, dem Glycerin auf, an das drei Fettsäurereste angehängt sind. Futterfette unterscheiden sich je nach Länge und Art dieser angehängten Fettsäuren. Die

Fettsäurereste bestehen aus zwei Sauerstoffatomen und einer unterschiedlichen Zahl von Kohlenstoff- und Wasserstoffatomen.

Man unterscheidet hierbei zwischen ungesättigten und gesättigten Fettsäuren. Von ungesättigten Fettsäuren spricht man, wenn die Kohlenstoffatome noch viele freie Bindungsstellen aufweisen, an denen sich Wasserstoffatome anlagern können. D. h. die Kohlenstoffatome sind nicht vollständig mit Wasserstoff „abgesättigt". Öle sind flüssig. Sie enthalten einen hohen Anteil ungesättigter Fettsäuren.

Bestimmte ungesättigte Fettsäuren werden vom Organismus auch zu anderen Zwecken als zur Energiegewinnung benötigt. Man spricht in diesen Fällen von essenziellen (= lebensnotwendigen) Fettsäuren. Ein Beispiel für eine essenzielle Fettsäure ist die Linolsäure. Sie ist unbedingt erforderlich, da aus ihr andere Fettsäuren und unterschiedliche Botenstoffe gebildet werden. Diese sind für viele Stoffwechselprozesse erforderlich. Linolsäure kommt in vielen pflanzlichen Ölen, aber auch in manchen tierischen Fetten in höherer Konzentration vor.

Im Gegensatz zu den Ölen haben beispielsweise Rinder- oder Hammeltalg deutlich geringere Gehalte an ungesättigten Fettsäuren und daher eine feste Konsistenz. Die beteiligten Fettsäuren sind zu wesentlich höherem Anteil gesättigt, oder anders gesagt: Der Kohlenstoff trägt hier mehr

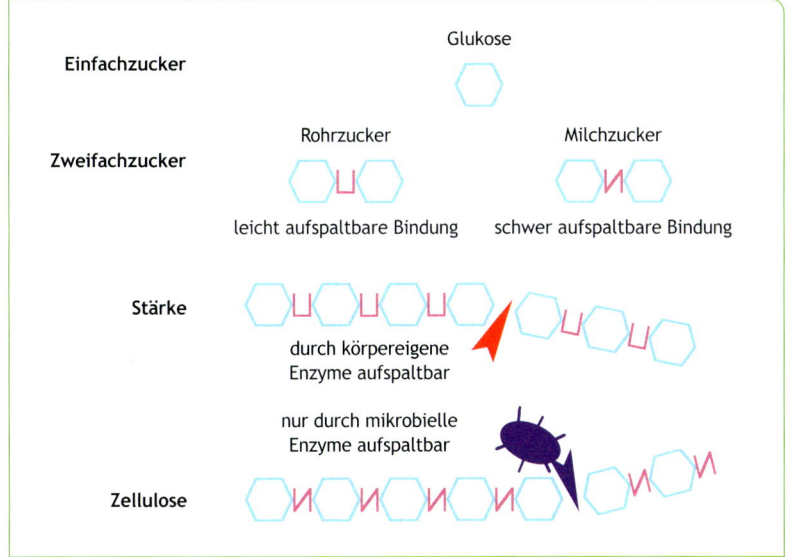

Aufbau und Struktur von Kohlenhydraten.

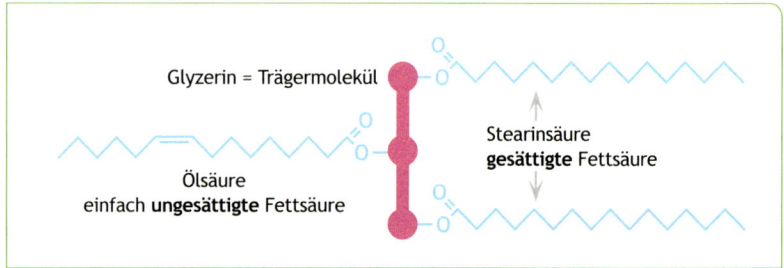

Aufbau und Struktur von Fetten aus Glyzerin und drei Fettsäuren.

Wasserstoffmoleküle. Gesättigte Fette dienen als Energielieferanten.

Während die Kohlenhydrate und Fette als originäre „Brennstoffe" angesehen werden können, hat das Eiweiß überwiegend andere Funktionen. Eiweiße sind aus Aminosäuren aufgebaut. Diese enthalten nicht nur Kohlenstoff und Wasserstoff, sondern auch Stickstoff und zum Teil Schwefel. Die Aminosäuren – es gibt etwa 20, die regelmäßig im Futtereiweiß vorkommen – dienen in erster Linie als Baustoffe, zum Beispiel für die Bildung von Muskulatur, für die Haut oder auch für das Grundgerüst der Knochen.

Die verschiedenen Futtereiweiße unterscheiden sich in zwei Dingen: Durch die Art der am Aufbau beteiligten Aminosäuren sowie in der Beschaffenheit und Struktur der Aminosäureketten. In manchen Futterkomponenten ist das Eiweiß blattartig gefaltet, beispielsweise in Haaren oder in der Haut. Da diese Anordnung durch die Verdauungsenzyme nur schwer aufzuspalten ist, sind die entsprechenden Stoffe nicht gut verdaulich. Eine deutlich bessere Verdaulichkeit ergibt sich bei den faden- bzw. knäuelförmig

aufgebauten Eiweißen, die beispielsweise im Muskel oder in Organen vorkommen. Futtermittel, deren Eiweiß überwiegend aus Bindegewebe (Kollagen) besteht, sind dagegen oft deutlich schlechter verwertbar. Der Grund dafür ist, dass hier eine kreuzförmige Verflechtung sehr fester Eiweißstränge vorliegt – z. B. in Sehnen, Knochen oder bestimmten Organen (Lunge, Milz). Daher sollte man diese Produkte nicht in zu hohen Mengen verfüttern, ansonsten können unerwünschte Wirkungen, z. B. Erweichung bzw. Verflüssigung des Kots, resultieren. Der Grund dafür ist, dass ein hoher Anteil dieses Eiweißes nicht durch Enzyme, sondern erst im Dickdarm durch Mikroorganismen abgebaut wird. Dabei werden Stoffwechselprodukte freigesetzt, die zu einer verminderten Flüssigkeitsaufnahme über die Dickdarmwand führen können. Am wenigsten verdaulich ist das Protein von Haaren und Federn.

Neben diesen mengenmäßig wichtigsten Nahrungsbestandteilen benötigt der Hund auch Mineralien und Vitamine. Deren Funktion und Bedeutung wird auf Seite 57 ff. erläutert.

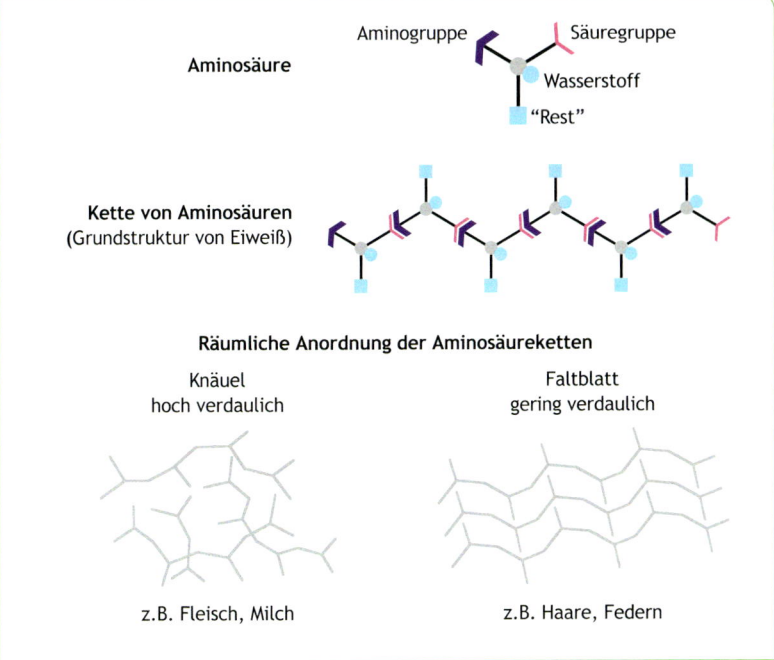

Aufbau und Struktur von Eiweißen.

Für die Fütterungspraxis stellt sich die Frage, wie man den Nährwert eines Futters einschätzen kann. Eine bewährte und häufig angewandte Methode zur Bestimmung der Futtermittelbestandteile ist die Weender Futtermittelanalyse. Sie wurde im 19. Jahrhundert von den Wissenschaftlern Henneberg und Stohmann im Göttinger Ortsteil Weende entwickelt.

Bei diesem Verfahren werden die Futterbestandteile in Stoffgruppen zusammengefasst, die charakteristische chemische Eigenschaften aufweisen. Da in diesem Fall bei den Nährstoffgruppen nie „reine" Substanzen analysiert werden, spricht man (mit einer Ausnahme) von „Roh"nährstoffen. Wichtige Kenngrößen der Weender Futtermittelanalyse sind:

– Rohwasser: alle Inhaltsstoffe, die bei einer Trocknungstemperatur von 103 °C flüchtig werden.
– Rohprotein: alle Bestandteile, in denen Stickstoff enthalten ist.
– Rohfett: alle Substanzen, die sich in Ether lösen.
– Rohasche: alle mineralischen Bestandteile.
– Stickstofffreie Extraktstoffe: alle kohlenhydrathaltigen Inhalte, im wesentlichen Stärke und Zucker.

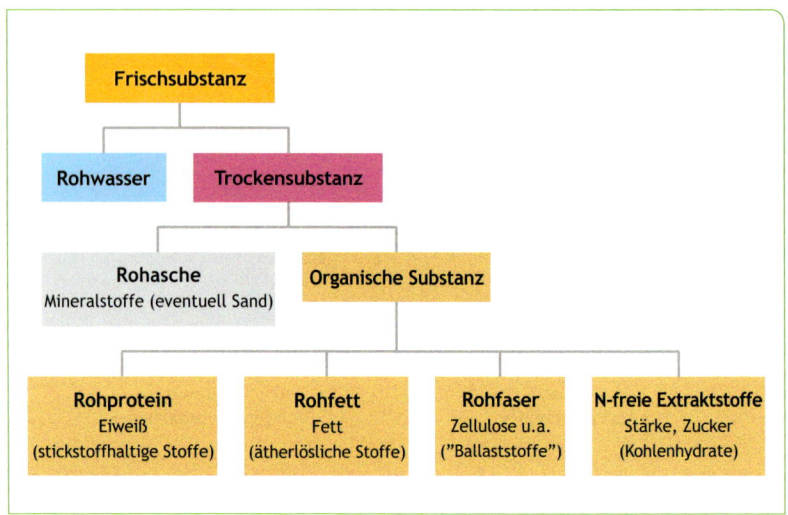

Die Nährstoffgruppen der Weender Futtermittelanalyse.

– Rohfaser: zellulosehaltige Anteile, inklusive einiger anderer Substanzen (z. B. Hemizellulose, Lignin), sinngemäß gleichzusetzen mit „Ballaststoffen".

Trotz gewisser Einschränkungen hat sich diese Form der Nährstoffanalyse in der Praxis bewährt, sodass beispielsweise Angaben über die Futterzusammensetzung bis heute grundsätzlich auf der Basis der Weender Futtermittelanalyse beruhen. Für wissenschaftliche Zwecke können auch detailliertere Analysen durchgeführt werden, allerdings steigen damit der Aufwand und die Kosten.

Verdauung

Unter Verdauung wird das Zerkleinern und Zerkauen, die nachfolgende chemische Zerlegung der Nahrung in ihre Bausteine und deren Aufnahme über die Darmwand in den Körper verstanden. Auch wenn der Hund recht flexibel mit Futtermitteln versorgt werden kann, müssen diese seinen Anforderungen entsprechen, d. h. „artgerecht" sein.

Aufbau des Verdauungskanals

Der Verdauungskanal erreicht beim Hund etwa das 5- bis 6-fache seiner Körperlänge – ist also im Vergleich zu vielen anderen Tierarten kurz – und besteht aus mehreren Abschnitten, die jeweils spezielle Funktionen haben.

Das Gewicht des gesamten Verdauungstraktes erreicht 4 bis 6 Prozent des Körpergewichts, nimmt aber nicht linear zur Größe des Tieres zu. Kleinere Rassen haben folglich in Relation zu Riesenrassen einen größeren Verdauungstrakt. Entsprechendes gilt für Leber und Bauchspeicheldrüse. Möglicherweise erklärt dies, weshalb großwüchsige Hunde eher zu Verdauungsproblemen neigen als kleine Rassen.

Nach der mechanischen Zerkleinerung (Kauen) wird das Futter überwiegend durch körpereigene Verdauungsenzyme verdaut, aber auch teilweise durch Bakterien, die sich im gesamten Darmtrakt, insbesondere jedoch im Dickdarm befinden. Damit diese ihre Funktionen effektiv erfüllen, sind entsprechende Umgebungsbedingungen nötig. Folglich variieren pH-Wert, Wassergehalt und Sauerstoffgehalt in den verschiedenen Verdauungsbereichen.

In Magen, Dünn- und Dickdarm werden nicht nur Nährstoffe absorbiert, es fließen auch erhebliche Flüssigkeitsmengen als Verdauungssekrete hinein. Diese enthalten besondere Eiweiße, die sogenannten Verdauungsenzyme. Sie sind der Schlüssel, der die komplexen Nahrungsbestandteile an bestimmten Stellen zerschneidet und dann Schritt für Schritt zu den absorptionsfähigen Bestandteilen zerlegt.

Maul und Speiseröhre

Im Maul findet die erste Zerlegung des Futters statt. Mit den Zähnen wird die Nahrung mechanisch grob zerkleinert. Drüsen, die im Kopfbereich an verschiedenen Stellen (Ohr, Unterkiefer, unter der Zunge, Backen) angeordnet sind, sondern Speichel ab. Speichel ist ein flüssiges, leicht schleimiges Medium, das den Futterbrei sowie Futterbrocken gleitfähig macht. Natürlich ist dies besonders bei Trockenfutter nötig.

Im Gegensatz zum Menschen enthält der Hundespeichel keine Enzyme und hat damit für die Zerlegung der Nahrung keine Bedeutung. Allerdings enthält er viele Mineralien, die eventuell mit der Zahnsteinbildung in Zusammenhang stehen.

Der angefeuchtete Bissen gelangt aus dem Maul über den Schlund in die Speiseröhre. Diese ist mit einer Schleimhaut ausgekleidet und von Muskulatur ummantelt, die den Nahrungsbrei durch wellenartige Kontraktion in den Magen befördert.

Magen

Im Magen mit seinem großen Fassungsvermögen kommt es zu einer zeitweisen Speicherung mit gleichzeitiger Ansäuerung des Nahrungsbreis. Der Magen weist beim Hund eine enorme Dehnungsfähigkeit auf, sodass sehr große Futtermengen auf einmal aufgenommen werden können. Nachteilig ist, dass die hohe Dehnungsfähigkeit des Magens das Auftreten von Erkrankungen, insbesondere der vorwiegend bei sehr großwüchsigen Hunden auftretenden Magenaufgasung bzw. -drehung begünstigt. Auch eine ungenügende Säurebildung im Magen kann manchmal an der Entstehung der gefährlichen Magenblähung bzw. Magendrehung beteiligt sein (siehe S. 100).

Die Magenwand ist mit einer besonderen Schleimhaut ausgekleidet, die wichtige Verdauungssekrete produziert: im wesentlichen Salzsäure und Pepsin. Pepsin ist ein eiweißspaltendes Enzym, das in einer sauren Umgebung seine größte Wirksamkeit entfaltet. Die Eiweißverdauung beginnt im Magen durch die Aufspaltung der langen Aminosäureketten der Futterproteine.

Durch die Salzsäuresekretion des Magens werden die mit dem Futter aufgenommenen Bakterien und auch Keime aus der Umwelt weitgehend abgetötet. Dadurch erklärt sich auch, dass Hunde in der Lage sind, ohne Probleme Abfall oder in Verwesung übergegangenes Ma-

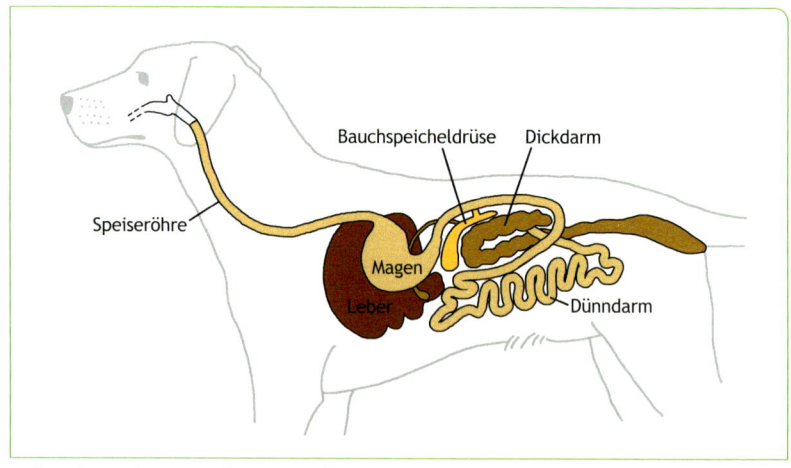

Aufbau des Verdauungstrakts von Hunden.

terial aufzunehmen. Der Magen selbst schützt sich durch eine Schleimschicht (daher die Bezeichnung „Schleimhaut") vor der Selbstverdauung.

Der Weitertransport des Futters zieht sich über mehrere Stunden hin: Der durchsäuerte Mageninhalt wird in kleinen Portionen in den Dünndarm geschleust.

Dünndarm

Dieser Darmabschnitt ist sehr lang und für die Ausnutzung der Nahrung äußerst wichtig. Der Dünndarm nimmt etwa ein Viertel am Gesamtgewicht des Verdauungstraktes ein und hat eine durch mikroskopisch kleine Fältelungen (Zotten) stark vergrößerte Oberfläche. Dieser Aufbau sorgt dafür, dass möglichst große Schleimhautflächen für die Aufnahme von Nährstoffen zur Verfügung stehen. Die Gesamtfläche des Darms erreicht enorme Größen (schätzungsweise analog einem Tennis- bis Hockeyfeld).

Anatomisch werden drei Bereiche unterschieden: der Zwölffingerdarm, der sich direkt an den Magenausgang anschließt, der Leerdarm, der das Mittelstück darstellt und den größten Teil des Dünndarms umfasst, sowie ein kurzer Endabschnitt, der Hüftdarm.

Im Dünndarm wird die im Magen begonnene Aufspaltung des Nahrungsproteins fortgesetzt, gleichzeitig kommt es auch zum Aufschluss von Kohlenhydraten und Fetten.

In den Anfangsteil des Dünndarms, den Zwölffingerdarm (Duodenum), münden die beiden Ausführungsgänge der Leber sowie der Bauchspeicheldrüse. Diese beiden Organe werden daher auch als Darmanhangsdrüsen bezeichnet. Sie

geben erhebliche Mengen an Flüssigkeiten ab: die Galle und den Bauchspeichel. Diese tragen maßgeblich dazu bei, dass im Dünndarm ein intensiver Abbau der Nährstoffe erfolgen kann.

Der Bauchspeichel ist eine basische Flüssigkeit (pH 7 bis 8), die zahlreiche wichtige Enzyme zur Verdauung von Eiweiß, Kohlenhydraten und Stärke enthält. Weiterhin hat er eine regulierende Funktion für den Bakteriengehalt im Darm. Bemerkenswert ist beim Hund eine hohe Kapazität für die Fettverdauung, die durch die fettspaltende Aktivität des Bauchspeichels zu erklären ist. Ist die Bauchspeicheldrüse in ihrer Funktion beeinträchtigt, kommt es zu erheblichen Verdauungsstörungen beim Hund, insbesondere das Fett betreffend.

Die Galle ist ein äußerst wichtiges Sekret, das in der Leber gebildet und in der Gallenblase zwischengelagert wird. Sie ist grün-gelblich, die Konsistenz dickflüssig-fadenziehend. Galle aktiviert die fettspaltenden Enzyme aus der Bauchspeicheldrüse. Sie erhöht außerdem die Löslichkeit der freigesetzten Fettbestandteile, indem sie die Spaltprodukte des Nahrungsfettes in eine besondere physikalische Form bringt (sogenannte Mizellen), die über die Darmwand resorbiert werden können. Ohne einen ausreichenden Zufluss von Gallenmengen ist die Fettabsorption nicht möglich.

Neben den aus den Anhangsdrüsen zufließenden Sekreten hat auch das von den Zellen der Darmwand selbst gebildete Sekret eine für die Verdauung wichtige Funktion. Die darin enthaltenen Enzyme spalten die durch den Bauchspeichel vorverdauten Eiweiße,

Fette und Kohlenhydrate weiter auf und machen sie absoptionsfähig.

Durch den Zufluss von Magen- und Darmsaft sowie des Bauchspeichels ist der Dünndarminhalt recht flüssig (75 bis 90 % Wasseranteil). Eine Erkrankung im Dünndarm führt häufig dazu, dass massive Verdauungsstörungen bei Hunden auftreten.

Dickdarm

Auf den Dünndarm folgt der Dickdarm, der wiederum anatomisch unterschieden wird in Blinddarm, Grimmdarm und Mastdarm. Im Vergleich zu vielen anderen Tierarten und auch zum Menschen ist der Dickdarm des Hundes klein und unkompliziert aufgebaut. Während im Grimmdarm intensive mikrobielle Abbauvorgänge ablaufen, liegt der unverdaute Rest des Futters im Mastdarm – solange, bis der Füllungsdruck zu groß wird und der Hund Gelegenheit hat, sich zu lösen.

Da im Dickdarm ein erheblicher Teil des Wassers absorbiert wird, ist er für die endgültige Einstellung der Kotkonsistenz außerordentlich wichtig. Nor-

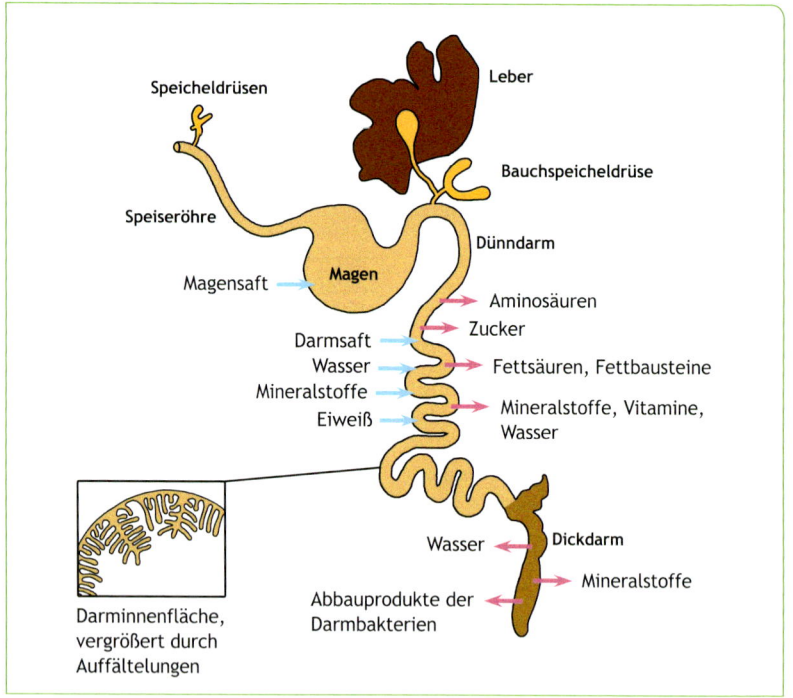

Übersicht über die Verdauungs- und Sekretionsvorgänge im Verdauungstrakt von Hunden.

malerweise zeigt der Dickdarminhalt einen Wasseranteil von 60 bis 75 %. Bei Funktionsstörungen, z. B. Entzündungen, kann es zu unerwünscht weichem Kot oder zu Durchfall kommen.

Im Dickdarm, teils auch schon in den hinteren Abschnitten des Dünndarms, lässt die Aktivität der körpereigenen Verdauungsenzyme nach. Der Dickdarm ist von zahlreichen Bakterien besiedelt, die für die weiteren Verdauungsvorgänge bedeutsam sind.

Die Sauerstoffkonzentration nimmt im Laufe der Darmpassage stark ab. Die Bedingungen im hinteren Teil des Darms werden dadurch zunehmend ungünstig für Keime, die für ihr Überleben Sauerstoff benötigen. Die Sauerstoffverarmung in den hinteren Darm-abschnitten ist jedoch eine ganz wesentliche Voraussetzung dafür, dass sich hier typische, an den Standort angepasste Bakterien ansiedeln können.

Diese Bakterien haben sich im Laufe der Entwicklungsgeschichte des Hundes so gut angepasst, dass sie mit dem Wirtsorganismus in enger Gemeinschaft, gegenseitiger Abhängigkeit und zu beiderseitigem Nutzen leben. Es handelt sich also um eine Lebensgemeinschaft im Sinne einer Symbiose. Der Hund bietet in seinen hinteren Darmabschnitten eine „ökologische Nische", die von diesen Bakterien eingenommen wird. Die „Gegenleistung" für die Bereitstellung eines geschützten Lebensraumes besteht darin, dass die Bakterien einen Teil der sonst unverdaulichen Nährstoffe (z. B.

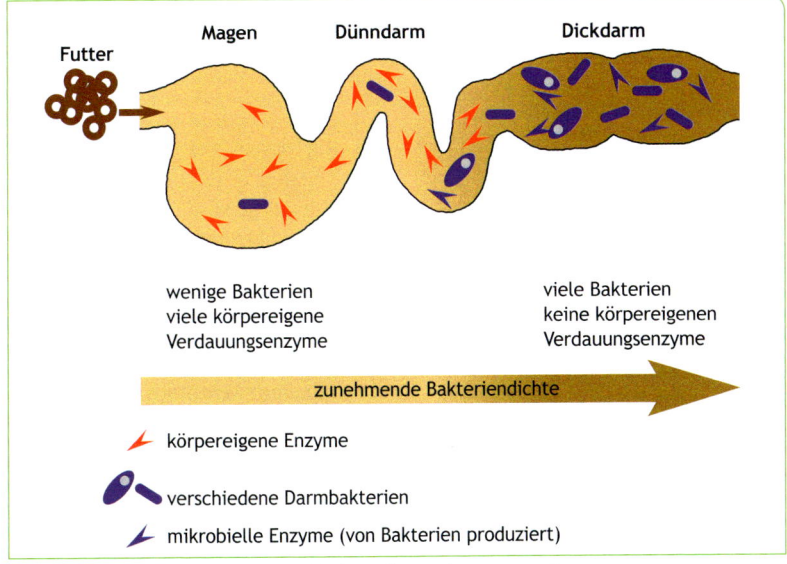

Übersicht über die enzymatischen und bakteriellen Verdauungsvorgänge.

pflanzliche Faserstoffe) abbauen und durch ihre Stoffwechselprodukte (Vitamine, kurzkettige Fettsäuren) zur Nährstoffversorgung des Hundes beitragen. Solange sich dieses System im Gleichgewicht befindet, haben also beide Seiten ihren Nutzen.

Absorption und Verdaulichkeit

Für die praktische Fütterung interessiert vor allem, in welchem Umfang das Futter im Magen-Darm-Trakt verdaut und für den Organismus verfügbar gemacht wird. Die körpereigene Verdauung im Dünndarm ist grundsätzlich effizienter als die mikrobielle Verdauung im Dickdarm. Deshalb ist der bis zum Ende des Dünndarms verdaute Anteil der Nährstoffe von besonderer Bedeutung.

Grundsätzlich gilt, dass von einem hochverdaulichen Futter ein größerer Anteil absorbiert und demzufolge nur eine geringe Menge über den Kot ausgeschieden wird. In der Tierernährung wird der Begriff „Verdaulichkeit" benutzt, um die Abbau- und Absorptionsraten von Futterinhaltsstoffen zu charakterisieren.

Eine einfache rechnerische Ermittlung der Verdaulichkeit eines Futters stellt die Differenz aus der Nährstoffaufnahme und der Nährstoffausscheidung über den Kot dar. Da über den Kot nicht nur unverdaute Nahrungsbestandteile, sondern auch Zellen, Eiweiße und andere Stoffe ausgeschieden werden, spricht man von der „scheinbaren Verdaulichkeit".

Diese unterschätzt also die „wahre Verdaulichkeit" von Futterbestandteilen, insbesondere beim Protein, aber auch bei einigen Mineralstoffen, z. B. Kalzium. Üblicherweise ist es jedoch ausreichend, wenn angegeben wird, wie viel Prozent des aufgenommenen Nährstoffs scheinbar verdaut werden.

Eiweiß wird durch die bereits beschriebenen Mechanismen im Magen und Dünndarm in seine Bausteine, die Aminosäuren, zerlegt. Die Absorption der Aminosäuren findet im Dünndarm nach entsprechender Einwirkung der Verdauungsenzyme statt.

Ein Teil des Proteins fließt in den Dickdarm und wird dort durch Bakterien abgebaut. Bei hochwertigen Eiweißquellen liegt dieser Anteil bei circa 10 Prozent. Durch den bakteriellen Abbau entstehen auch schädliche Verdauungsprodukte. Die Belastung des Organismus ist bei bedarfsgerechter Menge und hoher Qualität des Nahrungsproteins jedoch gering. Die Gesamtverdaulichkeit sehr hochwertiger Eiweißquellen (z. B. Fleisch, bindegewebsarme Schlachtabfälle, Milch, Ei, aber auch aufbereitetes Sojaprotein) erreicht Werte von 95 % und mehr.

Werden Hunde dagegen mit weniger hochwertigen Proteinen ernährt (z. B. bindegewebsreiche Schlachtabfälle, Sehnen, Knorpel), so ist die Abbaubarkeit durch körpereigene Enzyme im Dünndarm wesentlich geringer. Ein erheblich größerer Anteil des Nahrungsproteins fließt in den Dickdarm.

Unter diesen Umständen ist die Effizienz der Versorgung des Tieres mit Aminosäuren deutlich geringer als bei Verabreichung gleicher Mengen eines hochwertigen Proteins. Die Darmbakterien finden hierdurch außerdem zusätzliche Nahrung. Es kommt zu einer Begünstigung des Wachstums eiweißabbauender Keime, dazu zählen insbesondere Clostridien. Die Keime können sich unter diesen Bedingungen vermehren und sich unter Umständen sogar bis in den Dünndarm ausbreiten. Damit geht eine vermehrte Bildung mikrobieller Eiweißabbauprodukte wie Ammoniak oder Schwefelwasserstoff einher, die den Organismus des Hundes belasten: Sie müssen in aufwendigen Stoffwechselprozessen in der Leber entgiftet werden.

Die Eiweißversorgung muss also stets bedarfsdeckend sein, aber nicht so hoch, dass nachteilige Folgen entstehen. Dies ist insbesondere bei älteren Tieren und Hunden mit eingeschränkter Leberfunktion zu berücksichtigen.

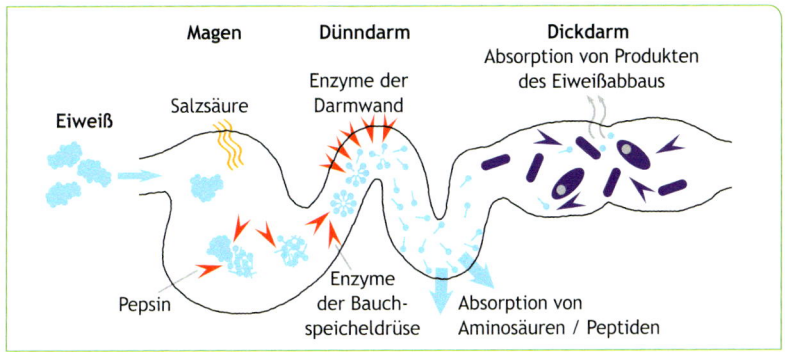

Übersicht über die Eiweißverdauung.

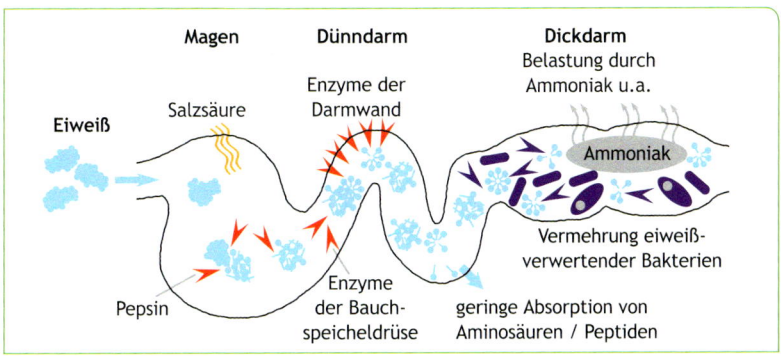

Folgen einer zu hohen Eiweißversorgung bzw. Folgen der Fütterung einer ungünstigen Proteinqualität: Vermehrung eiweißspaltender Bakterien, stärkere Bildung von Ammoniak und anderen Eiweißabbauprodukten.

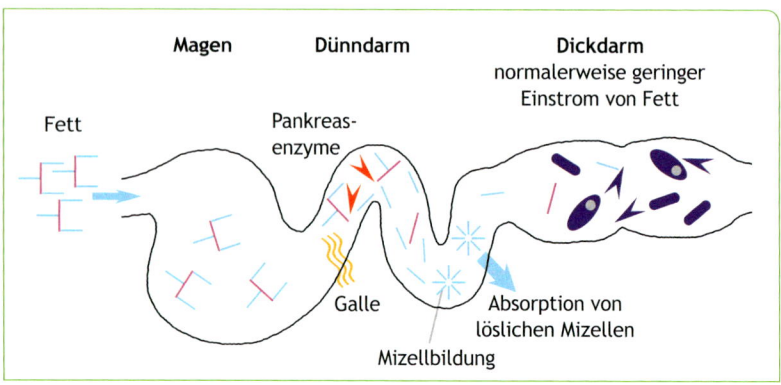

Übersicht über die Fettverdauung.

Fette und Öle sind die energiereichsten Inhaltsstoffe des Futters. Sie werden von Hunden sehr effizient verdaut. Besonders hoch verdaulich sind Fette und Öle mit einem hohen Anteil ungesättigter Fettsäuren. Diese haben einen niedrigeren Schmelzpunkt als die eher gesättigten Fette wie Rinder- und Hammeltalg.

Beispiele für Fette und Öle mit vielen ungesättigten Fettsäuren sind: Schweine- und Geflügelfett, Soja-, Distel-, Maiskeim- und Fischöl. Die Verdaulichkeit erreicht bei diesen Fetten meist über 95 % (siehe Tabelle S. 23). Geringere Werte wurden bei Verabreichung von sehr hartem Rindertalg beobachtet, der weniger ungesättigte Fettsäuren enthält als die zuvor genannten Sorten. Gesunde Hunde vertragen fettreiche Futtermischungen problemlos, diese Mischungen sind insbesondere bei Leistungshunden gut einsetzbar.

Kohlenhydrate hängen in ihrer Verdaulichkeit den beteiligten Zuckerbausteinen, der Kettenlänge und der Art der chemischen Bindung zwischen den Kettengliedern, ab.

Einfachzucker, z. B. Glukose, werden im Dünndarm fast vollständig absorbiert. Sie können direkt über die Darmwand aufgenommen werden und müssen nicht durch Verdauungsenzyme aufgeschlossen werden. Einfachzucker und andere schnell verfügbare Kohlenhydrate sind bei gestörter Kohlenhydrattoleranz (Zuckerkrankheit, Diabetes mellitus) strikt zu vermeiden.

Etwas komplizierter wird es bei Zweifachzuckern. Einige Zweifachzucker können vom Körper genauso gut aufgenommen werden wie Glukose, da ihre Bindung für die körpereigenen Verdauungsenzyme leicht aufzuschließen ist.

Problematisch dagegen ist die Aufspaltung vor allem bei Milchzucker (Laktose). Dieser kommt sowohl in der Hundemilch als auch in der Kuhmilch und den daraus gewonnenen Produkten vor. Das Enzym Laktase kann Milchzucker aufspalten. Anders als bei Welpen verfügt dieses Enzym bei älteren Hun-

Scheinbare Verdaulichkeit von Rohprotein, Rohfett und Kohlenhydraten gängiger Futtermittel						
Scheinbare Verdaulichkeit (% der Aufnahme)						
Rohprotein		Rohfett		Kohlenhydrate (NfE)		
Fleisch	95–98	Rinderfett	84–99	Weizen		99
Pansen	93	Schweineschmalz	96	Mais	gekocht bzw. thermisch aufgeschlossen	99
Grieben	93	Gänseschmalz	98	Hafer		96
Milch	95	Butterfett	95–97	Reis		98
Quark	85	Fischöl	97	Kartoffeln		95
Sojaextraktionsschrot	84	Sojaöl	96	Brot		74–79
Ackerbohnen	74	Maisöl	97	Zucker		94–99
Gemüse	63	Olivenöl	98	Milchzucker		altersabhängig

den jedoch nicht immer über eine ausreichend hohe Aktivität. Dadurch passiert der größte Teil des Milchzuckers den Dünndarm unverdaut und wird erst im Dickdarm von Bakterien abgebaut. Als Produkt entstehen große Mengen an Milchsäure (Laktat) und es können sich Unverträglichkeitssymptome zeigen, insbesondere ein starker und säuerlich riechender Durchfall. Geringere Mengen an Milch und Milchprodukten werden in der Regel aber auch von älteren Hunden toleriert, allerdings gibt es individuelle Unterschiede.

Neben den Ein- und Zweifachzuckern gibt es Mehrfachzucker. Liegen diese in sehr langen Ketten vor, spricht man von Polysacchariden. Hierzu zählt Stärke, die größte Bedeutung als Energielieferant hat, wenn sie richtig vorbereitet wird. Wird die Stärke durch feine Vermahlung oder Kochen (bzw. feuchte Wärme und Druckeinwirkung) aufgeschlossen, so kann das körpereigene Enzym Amylase die langen Molekülket-

ten sehr effektiv aufspalten. Dadurch wird Stärke bereits im Dünndarm hoch verdaulich und wird nur in geringen Mengen im Dickdarm bakteriell umgesetzt. Die Verträglichkeit von Stärke ist allgemein hoch, sodass diese einen wichtigen Energieträger im Hundefutter darstellt.

Einige Mehrfachzucker kommen als Speicherkohlenhydrate (Nicht-Stärke-Polysaccharide) in bestimmten Pflanzenteilen vor, z. B. in der Sojabohne. Von diesen Kohlenhydraten werden hohe Anteile erst im Dickdarm mikrobiell fermentiert, sodass ähnliche Probleme auftreten können wie beim Milchzucker. Bei relativ kurzen Ketten an Kohlenhydraten bezeichnet man diese Mehrfachzucker als Oligosaccharide. Diese können Einfluss auf die Zusammensetzung der Darmbakterien nehmen und werden deshalb auch manchmal gezielt als sogenannte Präbiotika dem Futter zugesetzt.

Die **pflanzlichen Faserstoffe** können im Gegensatz zur Stärke durch die körpereigenen Enzyme überhaupt nicht zerlegt werden. Sie werden deshalb größtenteils unverdaut wieder ausgeschieden und als Ballaststoffe bezeichnet.

Ähnlich wie in der menschlichen Ernährung, wird auch bei der Ernährung von Hunden zwischen löslichen und unlöslichen pflanzlichen Faserstoffen unterschieden. Diese verhalten sich im Verdauungstrakt unterschiedlich: Die löslichen pflanzlichen Faserstoffe können in der Regel durch Mikroorganismen (Darmbakterien) abgebaut werden und beeinflussen deren Zusammensetzung und Stoffwechselaktivität. Die unlöslichen Faserstoffe stellen klassische Ballaststoffe dar.

Wasser und Mineralstoffe werden sowohl in das Innere des Dünn- bzw. Dickdarms ausgeschieden als auch wiederum absorbiert. Für den Wassergehalt im Kot sind sowohl vom Darminhalt aus-

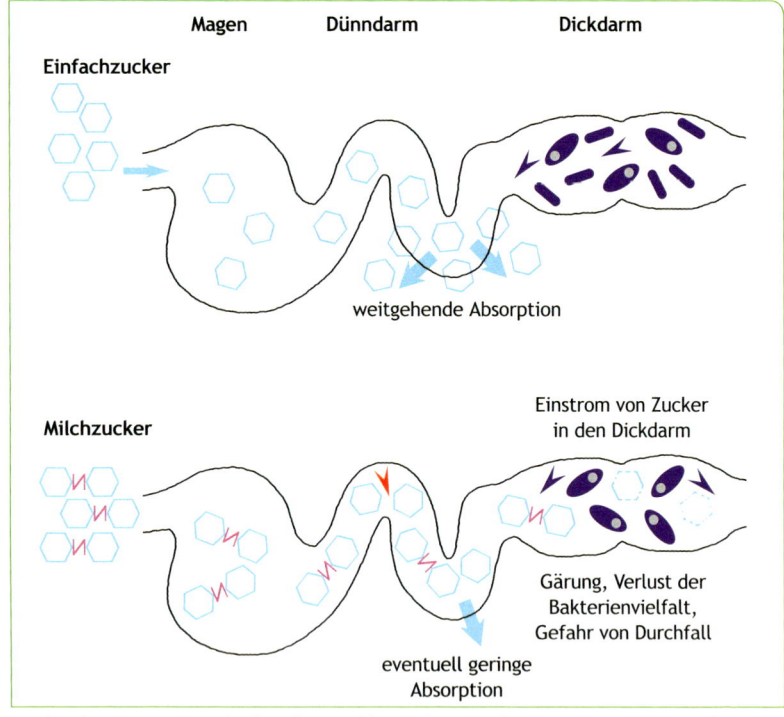

Bei der Absorption von Zucker bestehen in Abhängigkeit von der Zusammensetzung große Unterschiede: Einfachzucker, z. B. Glukose, werden schnell resorbiert, Milchzucker bei älteren Hunden nur in geringem Umfang.

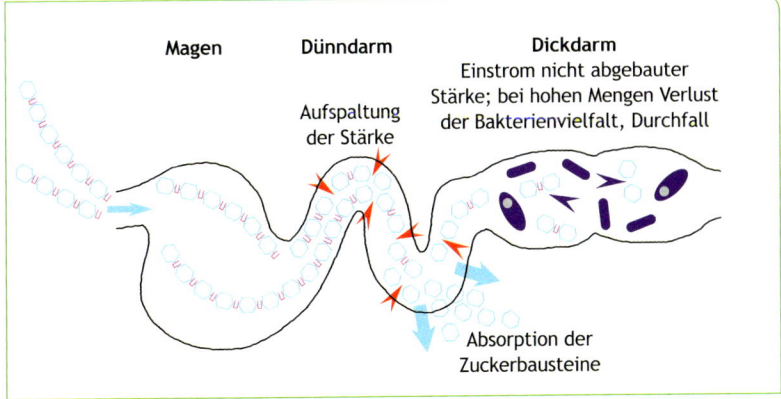

Stärke wird beim Hund überwiegend im Dünndarm verdaut.

gehende Faktoren (Wasserbindung, mikrobielle Aktivität) als auch hormonelle Steuerungsmechanismen bestimmend.

Die Resorption der Mineralstoffe vollzieht sich sehr unterschiedlich. Kalzium, der mengenmäßig bedeutsamste Mineralstoff, wird im Dünndarm absorbiert, ebenso Kalium. Phosphor kann sowohl aus dem Dünn- als auch aus dem Dickdarm absorbiert werden. Natrium dagegen wird zu erheblichem Anteil im Dickdarm aufgenommen. Überschüssig aufgenommene Mineralien werden entweder über den Harn oder über den Darm wieder ausgeschieden.

Koordination der Verdauungsabläufe

Der Verdauungsprozess wird durch viele Mechanismen des Körpers gesteuert. Der Transport des Futters, die Absonderung von Verdauungssekreten und die Absorption der Nährstoffe unterliegen übergeordneten Steuerungsmechanismen. Sie werden durch Hormone, aber auch durch lokale, in der Schleimhaut des Darmes gebildete Botenstoffe beeinflusst. Diese Vorgänge sind nicht nur wichtig für die Koordination der Verdauungsabläufe, sie ermöglichen auch eine ständige Anpassung an veränderte Umwelt- und/oder Ernährungsbedingungen.

Die Umwelt kann wiederum in erheblichem Umfang Einfluss auf die Verdauungsvorgänge nehmen. Bekannt sind z. B. Signale, die auf die Speichelbildung einwirken: Beim Menschen lässt die Aussicht auf ein gutes Essen sprichwörtlich „das Wasser im Munde zusammenlaufen". Ähnliches ist beim Hund zu beobachten, der auf die Zuteilung seines Futters wartet. Geruch, Vorbereitung des Futters und die Zuteilung lösen reflexartig den Verdauungsprozess aus. Der Speichelfluss setzt als sichtbares, aber unbewusst ablaufendes, die Nahrungsaufnahme vorbereitendes Geschehen ein.

Fütterungspraxis

Der gesunde Hund sollte sein Futter gern und zügig fressen. Es gibt allerdings individuelle und rassenabhängige Unterschiede im Fressverhalten. Besonders schmackhaftes Futter kann unter Umständen das Risiko zur Entstehung von Übergewicht erhöhen. Das Futter muss verträglich sein und darf den Stoffwechsel des Organismus nicht übermäßig belasten, ansonsten können Erbrechen, Blähungen, Durchfall oder Verstopfung auftreten. Die Ration sollte zudem nicht einseitig zusammengesetzt sein, dadurch treten häufig Probleme in der Verträglichkeit auf.

Die **Hygiene** von Futtermitteln ist äußerst wichtig. Futtermittel sollen keine Infektionserreger (Bakterien, Viren, Pilze), Parasiten (z. B. Wurmeiern), Schadstoffe oder Gifte enthalten. In seltenen Fällen können Futtermittel primär belastet sein und/oder entsprechende Probleme entwickeln sich sekundär infolge unsachgemäßer Lagerung.

Die Forderung nach einem ausgewogenen Nährstoffangebot kann auf verschiedene Weise erfüllt werden. Der Hund benötigt über 25 lebensnotwendige Stoffe; sie müssen ausreichend, aber nicht in überhöhten Mengen enthalten sein und in einem ausgewogenen Verhältnis zueinander stehen. Neben der Futterenergie, die im Wesentlichen aus den Fetten und

Kohlenhydraten stammt, zählen dazu das Eiweiß, bestimmte Fettsäuren, die Mengenelemente wie Kalzium, Phosphor, Magnesium, Kalium, Natrium, Chlorid und Schwefel, die Spurenelemente Eisen, Kupfer, Zink, Mangan, Jod und Selen, aber auch die fettlöslichen Vitamine A, D, E und K und die wasserlöslichen B-Vitamine.

Die bedarfsdeckende Nährstoffversorgung hängt davon ab, welche Futtermenge eingesetzt wird und welche Nährstoffgehalte in der Ration enthalten sind. Beides muss in Übereinstimmung mit dem Bedarf des Hundes stehen. Dieses Ziel kann durch die Verwendung von industriell hergestellten Mischfuttermitteln erreicht werden: über sogenannte Alleinfuttermittel.

Neben den industriell hergestellten Alleinfuttermitteln ist es auch möglich, den Hund mit selbst hergestellten Mischungen zu ernähren. Hierzu bieten sich verschiedene Zusammenstellungen von Einzelfuttermitteln oder auch Kombinationen von Einzelfuttermitteln mit sogenannten Ergänzungsfuttermitteln an. Die Gefahr, durch selbst hergestellte Futtermischungen eine Unter- oder Überversorgung zu bewirken, ist bei nicht sachgerechter Zusammenstellung hoch. Mit entsprechenden Kenntnissen und Umsicht lassen sich aus Einzelfuttermitteln jedoch schmackhafte, verträgliche und ausgewogene Rationen herstellen.

> Die Ration ist die Summe dessen, was der Hund im Laufe eines Tages aufnimmt. Sie muss schmackhaft, verträglich und im Nährstoffgehalt ausgeglichen sein.

Industriell hergestellte Futtermittel

Die Futtermittelhersteller müssen sich an bestimmte nationale und europäische Gesetze und Verordnungen halten. So müssen Alleinfuttermittel per Gesetz eine bedarfsdeckende Zusammensetzung aufweisen. Unabhängige Tests der vergangenen Jahre konnten bestätigen, dass die meisten der untersuchten Produkte dieses Kriterium erfüllen. Weiterhin muss die Kennzeichnung eindeutig sein und es dürfen nur zugelassene Futterzusatzstoffe, die in entsprechenden Verfahren in der Europäischen Union überprüft worden sind, verwendet werden.

Nach den gültigen rechtlichen Vorschriften

– dürfen Futtermittel nicht gesundheitsschädigend sein,
– müssen diese von handelsüblicher Reinheit und Unverdorbenheit sein (sofern keine besonderen Angaben gemacht werden),
– dürfen unerwünschte Stoffe („Schadstoffe") oder kritische Nährstoffe in Futtermitteln bestimmte Höchstgehalte nicht überschreiten,
– dürfen Futtermittel nur Zusatzstoffe enthalten, die zugelassen sind,
– müssen Futtermittel so gekennzeichnet sein, sodass der Käufer Wert und Einsatzmöglichkeit beurteilen kann.

Darüber hinaus wird jeder seriöse Futtermittelhersteller bemüht sein, seine Kunden (Hunde sowie deren Besitzer)

langfristig zufriedenzustellen. Dass industriell hergestellte Futtermittel aus dubiosen Komponenten und geheimnisvollen Zutaten bestünden, ist völlig abwegig. Aufgrund der gesetzlichen Grundlagen ist es in der Europäischen Union nur noch statthaft, Komponenten zu verwenden, die prinzipiell auch für die Herstellung von Lebensmitteln ge-

Einteilung und Definition industriell hergestellter Futtermittel

Alleinfutter erfüllen bei ausschließlicher Verwendung alle Nahrungsbedürfnisse des Hundes.
Einteilung in:
– Trockenfutter,
– Feucht-(Dosen-)futter,
– halbfeuchte Futter.

Ergänzungsfuttermittel sollen die Ration so ergänzen, dass sie alle notwendigen Nährstoffe erhält;
Einteilung in:
– kohlenhydratreiche Ergänzungsfutter,
– eiweißreiche Ergänzungsfutter,
– Mineralfutter bzw. vitaminierte Mineralfutter.

Beifutter kann zusätzlich zu Alleinfutter oder gemischten Rationen gegeben werden:
– zur Belohnung,
– zur Reinigung der Zähne,
– zur Beschäftigung (Kauknochen).

eignet wären. Die starke Konkurrenz auf diesem Markt ist ein nicht zu unterschätzender Faktor für die Sicherung und – bei neuen Erkenntnissen – auch für die ständige Verbesserung der Futterqualität.

Einteilung der Futtermittel

Die Fülle des Angebots von Futtermitteln für Hunde ist verwirrend. Neben **Alleinfuttern** („Vollkost") gibt es **Ergänzungsfuttermittel** sowie diverse **Beifutter**.

Vorgeschriebene Elemente für die Kennzeichnung von Mischfuttermitteln

Die Angaben sind EU-weit in der Verordnung (EG) Nr. 767/2009 über das Inverkehrbringen und die Verwendung von Futtermitteln (Futtermittelverkehrsverordnung) geregelt:
– Futtermittelart
– Tierart und die Kategorie
– Name und Anschrift des für die Kennzeichnung verantwortlichen Futtermittelunternehmers
– Inhaltsstoffe, analytische Bestandteile
– Feuchtegehalt
– Zusammensetzung
– Kennzeichnungspflichtige Zusatzstoffe
– Kennnummer der Partie
– Nettomasse
– Mindesthaltbarkeitsdauer
– Hinweise zur sachgerechten Verwendung, Fütterungshinweis
– Telefonnummer oder E-Mail-Adresse

Es stellt sich unweigerlich eine Reihe von Fragen: Was ist das Richtige für meinen Hund? Ist das teuerste Futter gleichzeitig das beste? Welche Nährstoffgehalte sind optimal? Die Angaben im folgenden Kapitel können darüber Aufschluss geben.

Kennzeichnung von Futtermitteln

Die Kennzeichnung von Futtermitteln folgt festgelegten Regeln. Nach dem Futtermittelrecht sind neben der Definition (Alleinfutter usw.) bestimmte Angaben Pflicht (siehe Kasten links), die in jedem Fall angeführt und korrekt sowie nachprüfbar sein müssen. Anderes darf angegeben werden, doch dabei gibt es auch Grenzen.

Die Pflichtangaben müssen in deutscher Sprache, deutlich und getrennt von anderen Angaben auf der Packung stehen. Aus der Bezeichnung des Futtermittels kann der Käufer zunächst einmal entnehmen, um welchen Futtertyp es sich handelt. Durch Zusätze kann der Hersteller auch weitere Angaben machen, aus denen hervorgeht, für welche Hunde dieses Futter besonders geeignet ist: z. B. Alleinfutter für Welpen, Ergänzungsfuttermittel für ältere Hunde, usw.

Von den Inhaltsstoffen müssen die im Kasten links genannten aufgeführt werden. Mit „Feuchtigkeit" oder „Feuchte" ist der Rohwassergehalt im Futtermittel gemeint. Aus dieser Angabe kann der Käufer unmittelbar ablesen, wie viel Wasser er z. B. mit halbfeuchtem Futter oder Dosenfutter einkauft. Bei Trockenfuttern muss dieser Wert nicht angegeben werden, da er im Allgemeinen unter der futtermittelrechtlich festgelegten Grenze von 14 % liegt.

Bei einem Dosenalleinfutter besagt also beispielsweise ein Feuchtigkeitsgehalt von 80 %, dass ein Fünftel des Doseninhalts (d. h. die enthaltene Trockensubstanz) nährenden Wert hat, der Rest ist Flüssigkeit und könnte auch über Trinkwasser bereitgestellt werden.

Ein Unterschied im Feuchtigkeitsgehalt von 75 % in Futter A und 80 % in Futter B erscheint auf den ersten Blick fast ohne Bedeutung. Tatsächlich besagt er aber, dass eine 1-kg-Dose von Futter A 250 g, von Futter B 200 g Trockensubstanz enthält. In Dose A ist also 25 % mehr Futter als in Dose B.

Auch der **Rohaschegehalt** liefert wertvolle Informationen. Die Rohasche umfasst alle mineralischen Bestandteile des Futters – also nicht nur lebenswichtige Mineralstoffe, sondern auch wertlose Substanzen, beispielsweise Sand. Ein bestimmter Rohaschegehalt ist für jedes Alleinfutter unentbehrlich, da sich dahinter die lebenswichtigen Mineralstoffe verbergen. Wenn allerdings der Rohaschegehalt in einem Alleinfutter auf über 10 % in der Futtertrockensubstanz ansteigt, so ist das eher ein Nachteil, denn Asche enthält keine Energie. Beim Vergleich von Trocken- oder Feuchtfuttern ist es wichtig, die jeweils genannten Werte auf die Trockensubstanz zu beziehen. Ein Trockenfutter mit 8 % Rohasche und 90 % Trockensubstanz enthält 8:90 × 100 = 8,9 % Rohasche in der Trockensubstanz, ein Feuchtfutter mit 2,5 % Rohasche und 20 % Trockensubstanz (= 80 % Feuchte) enthält dagegen 12,5 % Rohasche in der Trockensubstanz.

Beispiel einer Kennzeichnung (Deklaration) eines Trockenfuttermittels für Hunde

Alleinfuttermittel für ausgewachsene Hunde
Hersteller: Hunde richtig füttern GmbH, Am Futternapf 1, 11111 Leinhausen, Registriernummer 1212121212
Analytische Bestandteile: Rohprotein: 27 %, Rohfaser: 3 %, Rohfett: 12 %, Rohasche: 7 %, Kalzium 1,1 %, Phosphor 0,9 %
Zusammensetzung: Fleisch und tierische Nebenerzeugnisse (u. a. mit 5 % Kaninchenfleisch), pflanzliche Nebenerzeugnisse, Getreide, Gemüse, Mineralstoffe
Zusatzstoffe je kg:
Ernährungsphysiologische Zusatzstoffe 10.000 IE Vitamin A (ggf. auch E-Nr.: z. B. E 672)
1.000 IE Vitamin D3
100 mg Vitamin E
15 mg Kupfer als Kupfer (II)-sulfat-Pentahydrat

Technologische Zusatzstoffe: Antioxidationsmittel
Nettomasse: 5 kg
Mindestens haltbar bis 05/13
Futtermengen in Tabellenform als Empfehlung, g/Tag
Telefonnummer oder E-Mail-Adresse
Kennnummer der Partie: 230533–092315-X

Das **Rohprotein** ist der Maßstab für den Stickstoff- und damit den Eiweißgehalt des Futters. Er sagt jedoch nichts über die Qualität des Proteins, die Gehalte an den essenziellen Aminosäuren (siehe Abbildung S. 13) oder die Höhe der Verdaulichkeit aus. Über die zweckmäßige Menge an Rohprotein im Futter gibt die nebenstehende Abbildung Auskunft.

Das **Rohfett** repräsentiert die im Futter enthaltenen Fette. Eine bestimmte Mindestmenge (rund 5 % in der Trockensubstanz) ist zur Versorgung mit essenziellen Fettsäuren und für die Absorption der fettlöslichen Vitamine unentbehrlich. Eine obere Grenze ist nicht strikt festzulegen, da der Hund Fette sehr gut verdaut. Mit steigenden Fettgehalten im Futter nimmt bei sonst gleichen Bedingungen der Energiegehalt linear zu (siehe Abbildung S. 43).

Die **Rohfaser** enthält schwer verdauliche oder unverdauliche Komponenten pflanzlicher Herkunft (siehe S. 24). Geringe Mengen sind für die Regulation der Darmtätigkeit ebenso wie für die Stabilisierung der Kotkonsistenz unentbehrlich. Gehalte von über 4 % in der Trockensubstanz sind jedoch nicht erwünscht (außer bei Rationen für verfettete Hunde); sie senken die Verdaulichkeit des Futters insgesamt und erhöhen die Kotmengen.

Stickstofffreie Extraktstoffe entsprechenden dem Anteil der **Kohlenhydrate** im Futter und müssen nicht angegeben werden. Der Wert lässt sich allerdings sehr einfach berechnen (siehe Tabelle unten). Ihr Anteil ist besonders in Trockenfuttermitteln hoch.

Inhaltsangaben zu den Futtermittelgruppen

Die Qualität eines Mischfutters wird nicht allein durch die Inhaltsstoffe, sondern auch durch die verwendeten Komponenten bestimmt.

Stammt das Eiweiß aus Fleisch oder Bindegewebe, das Fett von Rind oder Fisch, die Rohfaser aus Weizenkleie

Berechnung der stickstofffreien Extraktstoffe in einem Trockenfuttermittel	
Kennzeichnungsangaben	= Gehalte in g pro 100 g Futter
Rohprotein: 27 %	27
Rohfaser: 3 %	3
Rohfett: 12 %	12
Rohasche: 7 %	7
Feuchte[1]	10
Summe	59
Stickstofffreie Extraktstoffe[2]	41

[1] Muss nicht deklariert werden, sofern der Wassergehalt (Feuchte) unter 14 % liegt. Bei Trockenfutter sind im Allgemeinen 10 bis 12 % anzusetzen. In diesem Beispiel werden 10 % unterstellt.

[2] Der Gehalt errechnet sich wie folgt: 100 − Summe der übrigen Inhaltsstoffe einschließlich der Feuchte, in diesem Beispiel 100 % − 59 % = 41 g/100 g bzw. %.

Definitionen für Futtermittelgruppen, die bei der Kennzeichnung von Hundefuttermitteln verwendet werden können	
Gruppe	Beschreibung
1. Fleisch und tierische Nebenerzeugnisse	alle Fleischteile geschlachteter warmblütiger Landtiere, frisch oder durch ein geeignetes Verfahren haltbar gemacht, sowie alle Erzeugnisse und Nebenerzeugnisse aus der Verarbeitung von Tierkörpern oder Teilen von Tierkörpern warmblütiger Landtiere
2. Milch und Molkereierzeugnisse	alle Milcherzeugnisse, frisch oder durch ein geeignetes Verfahren haltbar gemacht, sowie die Nebenerzeugnisse aus der Verarbeitung
3. Eier und Eiererzeugnisse	alle Eiererzeugnisse, frisch oder durch ein geeignetes Verfahren haltbar gemacht, sowie die Nebenerzeugnisse aus der Verarbeitung
4. Öle und Fette	alle tierischen und pflanzlichen Öle und Fette
5. Hefen	alle Hefen, deren Zellen abgetötet und getrocknet wurden
6. Fisch und Fischnebenerzeugnisse	Fische oder Fischteile, frisch oder durch ein geeignetes Verfahren haltbar gemacht, sowie die Nebenerzeugnisse aus der Verarbeitung
7. Getreide	alle Arten von Getreide, ganz gleich in welcher Aufmachung, sowie die Erzeugnisse aus der Verarbeitung des Mehlkörpers
8. Gemüse	alle Arten von Gemüse und Hülsenfrüchten, frisch oder durch ein geeignetes Verfahren haltbar gemacht
9. Pflanzliche Nebenerzeugnisse	Nebenerzeugnisse aus der Aufbereitung pflanzlicher Erzeugnisse, insbesondere Getreide, Gemüse, Hülsenfrüchte, Ölfrüchte
10. Pflanzliche Eiweißextrakte	alle Erzeugnisse pflanzlichen Ursprungs, deren Proteine durch ein geeignetes Verfahren auf mindestens 50 % Rohprotein, bezogen auf die Trockenmasse, angereichert sind und umstrukturiert (texturiert) sein können
11. Mineralstoffe	alle anorganischen Stoffe, die für die Tierernährung geeignet sind
12. Zucker	alle Zuckerarten
13. Früchte	alle Arten von Früchten, frisch oder durch ein geeignetes Verfahren haltbar gemacht
14. Nüsse	alle Kerne von Schalenfrüchten
15. Saaten	alle Saaten, unzerkleinert oder grob gemahlen
16. Algen	alle Arten von Algen, frisch oder durch ein geeignetes Verfahren haltbar gemacht
17. Weich- und Krebstiere	alle Arten von Weich- und Krebstieren, Muscheln, frisch oder durch ein geeignetes Verfahren haltbar gemacht, sowie die Nebenerzeugnisse aus ihrer Verarbeitung
18. Insekten	alle Arten von Insekten in allen Entwicklungsstadien
19. Bäckereierzeugnisse	alle Erzeugnisse aus der Backwarenherstellung, insbesondere Brot, Kuchen, Kekse sowie Teigwaren

Empfehlungen für den Einkauf verschieden großer Packungen in Abhängigkeit von der Größe des Hundes		
Gewicht des		Packungsgröße (kg)
Hundes (kg)	Trockenalleinfutter[1]	Feuchtalleinfutter[2]
bis 5	1	< 0,5
5–15	2,5	0,75
15–30	5	1,0
30–50	10	1,0
> 50	20	1,0

[1] Aufbewahrung, geöffnet: Sommer 2 bis 3 Wochen, Winter bis 4 Wochen
[2] Aufbewahrung, geöffnet im Kühlschrank: 1 bis 2 Tage

oder Grünmehl? Die Antwort soll die Angabe über die verwendeten Einzelfuttermittel geben, die selten konkret in Prozent, meist aber in absteigender Reihenfolge ihrer Anteile aufgeführt werden. Häufig wird für ein Einzelfuttermittel, das in einem Mischfutter wesentlich ist (z. B. Fleisch), der Prozentsatz angegeben.

Zu einer gewissen Verwässerung bei der Aufführung der Einzelfuttermittel kommt es jedoch, weil nicht jedes Einzelfuttermittel, sondern alternativ nur bestimmte Gruppen angegeben werden dürfen, z. B. „Fleisch und tierische Nebenerzeugnisse" oder „pflanzliche Eiweißextrakte" (siehe S. 31). Mit der Gruppenbezeichnung „Fleisch und tierische Nebenerzeugnisse" kann einerseits Muskulatur, andererseits aber bindegewebiger Schwartenanteil gemeint sein. Dahinter verbergen sich erhebliche Qualitätsunterschiede. Für Feuchtfuttermittel ergibt sich noch ein weiterer Nachteil aus der Regelung, die Einzelfuttermittel in absteigender Reihenfolge anzugeben. Werden z. B. „pflanzliche Eiweißextrakte" mit 90 %

Trockensubstanz sowie „Fleisch und tierische Nebenerzeugnisse" mit nur 20 % Trockensubstanz verwendet, so wird letztere Gruppe fast immer an der Spitze stehen, obwohl ihr Anteil – bezogen auf die Trockensubstanz – meistens geringer sein wird als jener der pflanzlichen Produkte.

Für Käufer ist auch die vorgeschriebene Angabe des Nettogewichts wertvoll. Im Zweifelsfall kann er nachwiegen und damit die Solidität des Herstellers bzw. des Verantwortlichen, der das Futtermittel in den Verkehr bringt (dessen Name und Anschrift auf keinem Etikett fehlen dürfen), überprüfen. Dabei ist hilfreich, dass die Futtermittel stets verpackt sein müssen, es sei denn, sie werden in Gegenwart des Käufers in kleineren Mengen aus Behältnissen ausgewogen, deren Kennzeichnung einsehbar sein muss.

Mit Hilfe der Angaben über die Mindesthaltbarkeitsdauer kann man ausrechnen, welche Packungsgrößen beim Einkauf zweckmäßig sind. Die Haltbarkeitsdauer kann sich auch auf die Zusatzstoffe beziehen.

Zusatzstoffe

Da über Zweckmäßigkeit und Risiken der Zusatzstoffe oft Kenntnisse fehlen und damit viele Unsicherheiten bestehen, sollen sie ausführlich erläutert werden. Zusatzstoffe werden Futtermitteln zugesetzt, um sie mit bestimmten lebensnotwendigen Nährstoffen (Aminosäuren, Vitamine, Spurenele-

mente) zu komplettieren, um die Haltbarkeit des Futters oder einzelner Inhaltsstoffe zu sichern oder um Aussehen, Geschmack, Konsistenz oder Verarbeitungsfähigkeit zu verbessern. Teils sollen auch besondere Wirkungen, z. B. auf den Harn-pH, erzielt werden.

Zusatzstoffe unterliegen in der Europäischen Union einer Zulassungs-

Beispiele für Futterzusatzstoffe, die in Futtermitteln für Hunde eingesetzt werden dürfen

Aminosäuren
Lysin, Methionin, Threonin

Spurenelemente
Verbindungen von Eisen, Jod, Kobalt, Kupfer, Mangan, Molybdän, Selen, Zink

Vitamine
Vitamin A, B1, B2, B6, B12, C, D, E, K, Beta-Karotin, Biotin, Panthothensäure, Folsäure, Nikotinsäure

Antioxidantien
Tocopherole (Vitamin E), Vitamin C, Butylhydroxitoluol (BHT), Ethoxyquin, Gallate

Aroma- und appetitanregende Mittel
alle natürlich vorkommenden Stoffe und die ihnen entsprechenden synthetischen Stoffe, Neohesperidin-Dihydrochalcon

Mikroorganismen
Stämme von nützlichen Bakterien, z. B. *Enterococcus faecium*

Konservierungsstoffe
Diverse organische Säuren, z. T. auch ihre Salze, Natriumbisulfit, Natriumnitrit

Färbende Stoffe
Stoffe, die in gemeinschaftlichen Vorschriften zur Färbung von Lebensmitteln zugelassen sind, Canthaxanthin, Brillantsäuregrün, Patentblau

Säureregulatoren
Ammoniumchlorid, Kalziumkarbonat, Salz-, Schwefelsäure

Emulgatoren, Stabilisatoren, Verdickungs- und Geliermittel
z. B. Lezithine, Agar Agar, Carrageen, Guarkernmehl, -gummi, Gummi arabicum, Traganth, Pektine, Zellulosepulver, Glyzerin und Glyzerinverbindungen, Pentanatriumtriphosphat, Polyethylenglykol, Propandiol

Bindemittel, Fließhilfsstoffe, Gerinnungshilfsstoffe
u. a. Zitronensäure, Kaolinit, Tone, Kieselsäure, Stearate, Bentonit

Die aktuell zugelassenen Zusatzstoffe können im Internet eingesehen werden: http://www.bvl.bund.de

pflicht. Nur amtlich zugelassene Stoffe, die auf ihre Wirksamkeit und Verträglichkeit überprüft wurden, dürfen Futtermitteln für Hunde zugesetzt werden. Dazu zählen ausdrücklich keine Antibiotika, Hormone oder Lockstoffe, wie oft angenommen wird. Folgende Gruppen von Zusatzstoffen sind für die Herstellung von Futtermitteln für Hunde relevant:

– Technologische Zusatzstoffe: jeder Stoff, der Futtermitteln aus technologischen Gründen zugesetzt wird (wie Konservierungsmittel, Bindemittel, Emulgatoren, Antioxidationsmittel).
– Sensorische Zusatzstoffe: jeder Stoff, der die organoleptischen Eigenschaften dieses Futtermittels bzw. die optischen Eigenschaften verbessert oder verändert (wie Farbstoffe, Aromastoffe).
– Ernährungsphysiologische Zusatzstoffe (wie Vitamine, Spurenelemente, Aminosäuren).
– Zootechnische Zusatzstoffe: jeder Zusatzstoff, der die Leistung von gesunden Tieren oder die Auswirkungen auf die Umwelt positiv beeinflussen soll (wie Mikroorganismen, Enzyme).

Dass Unverträglichkeiten von Futtermitteln auf die enthaltenen Zusatzstoffe zurückzuführen sind, ist äußerst unwahrscheinlich. Im Einzelfall kann man entsprechende Reaktionen allerdings nicht ausschließen.

Spurenelemente und **Vitamine** zählen zu den unentbehrlichen, lebensnotwendigen Nährstoffen (siehe S. 59). Sie müssen vielen Futtermitteln zugesetzt werden, damit die Gesamtra-tion vollwertig wird. Für die Spurenelemente sowie Vitamin D sind Höchstwerte festgelegt. Dadurch soll verhindert werden, dass es zu einer unkontrollierten Überversorgung mit nachteiligen Folgen für die Tiergesundheit kommt.

Mineralstoffe sind zwar Ergänzungsstoffe, zählen aber futtermittelrechtlich nicht zu den Zusatzstoffen, sondern werden vom Gesetzgeber als Einzelfuttermittel behandelt. Dazu zählen beispielsweise kalziumhaltige Salze wie kohlensaurer Futterkalk, phosphorsaurer Futterkalk oder Natriumchlorid.

Für die **Stabilisierung von Fetten** (Vermeidung von Ranzigwerden oder Farbveränderungen) und Vitaminen werden besonders in Trockenfuttern **Antioxidantien** eingesetzt. Sie können die durch Sauerstoff bedingte Veränderung ungesättigter Fettsäuren, die im Laufe der Lagerung eintritt, verhindern. Neben natürlich vorkommenden Produkten wie Vitamin E oder C werden auch technisch hergestellte Substanzen eingesetzt, z. B Ethoxyquin, Butylhydroxytoluol, Gallate u. a.

Als **aroma- und appetitanregende Stoffe** sind alle Produkte – einschließlich entsprechender synthetischer Stoffe – erlaubt, von denen die genannten Wirkungen ausgehen. Dazu zählen Gewürze aller Art – z. B. Vanillin, Anis, Fenchel – vor allem aber Spaltprodukte verschiedener Eiweiße (z. B. aus Fleisch), deren Lösungen bei der Herstellung von trockenen Futtermitteln auf die Futterbrocken aufgesprüht werden. Dass Hunde nach solchen Substanzen „süchtig" werden, ist nicht erwiesen und unwahrscheinlich.

Mit einem ausgewogenem Futter bleiben diese beiden fit und gesund.

Unter den zahlreichen zur **Konservierung** zugelassenen Stoffen sind besonders Propionsäure und ihre Salze sowie Sorbate zu nennen, die das Wachstum von Schimmelpilzen hemmen. Natriumsulfit und/oder Natriumbisulfit sind in den zugelassenen Mengen begrenzt (bis 500 mg insgesamt pro kg Alleinfutter), ebenso Natriumnitrit (bis 100 mg/kg Alleinfutter).

Bei den **Farbstoffen**, die dem Käufer eventuell das Vorkommen bestimmter hochwertiger Futterbestandteile suggerieren sollen, sind sowohl natürliche (z. B. gelbrote Stoffe aus verschiedenen Pflanzen) als auch synthetische Produkte zu nennen. Diese Stoffe dürfen jedoch nur nach den im Lebensmittelrecht festgelegten Bedingungen zugemischt werden. Von Farbstoffen wird heute kaum noch Gebrauch gemacht, da der Käufer – zu Recht – solche Manipulationen nicht mehr honoriert. Für den Hund, der nahezu farbenblind ist, sind sie sowieso überflüssig.

Säureregulatoren werden eingemischt, um den pH-Wert eines Futtermittels zu beeinflussen und wenn die Gefahr eines alkalisch reagierenden Harns und damit das Risiko für die Entstehung bestimmter Harnsteine besteht.

Zu den Zusatzstoffen, die die Herstellung und Verarbeitung erleichtern, zählt die Gruppe der **Emulgatoren**, **Stabilisatoren**, **Verdickungs- und Geliermittel** ebenso wie die **Bindemittel**, **Fließ- und Gerinnungshilfsstoffe**. Insbesondere bei Feuchtfuttern, deren Konsistenz geleeartig, d. h. deren Wasser vollständig gebunden sein soll, werden Dickungs- und Geliermittel verwendet. Für diese Produkte, die im Allgemeinen nur in geringen Mengen zugesetzt werden, bestehen keine oberen Grenzen in Mischfuttern. Dies gilt nicht für Pentanatriumtriphosphat, das vor dem Kochprozess Fleischstücken oder Schlachtabfällen zugemischt wird, um ihre Struktur zu erhalten, auch nicht für Polyoxiethylen-Verbindungen und 1,2-Propandiol. Diese Stoffe dienen wesentlich dem Aussehen und der Konsistenz des Futters. Aus ernährungsphysiologischer Sicht sind sie entbehrlich, eventuell besteht sogar ein ungünstiger Effekt auf die Kotkonsistenz. Auch eine erhöhte Phosphoraufnahme erscheint nicht vorteilhaft.

Neben den amtlich vorgeschriebenen Angaben können zusätzliche, sachlich begründete, jedoch nach dem Futtermittelrecht festgelegte Informationen gegeben werden, z. B. über weitere Inhaltsstoffe, über die physikalische Beschaffenheit oder die Be- und Verarbeitung der Futtermittel. Verständlicherweise versucht der Hersteller, sein Futtermittel im besten Licht erscheinen zu lassen. Er darf aber nicht:
–   Futtermittel unter irreführenden Bezeichnungen in den Handel bringen,
–   Werbeaussagen machen, die sich auf die Beseitigung und Linderung von Krankheiten beziehen (außer Angaben zur Verhütung von Krankheiten, die durch einen Mangel an Nährstoffen verursacht werden),
–   Futtermittel vertreiben, die die Gesundheit von Tieren schädigen,
–   besondere Wirkungen behaupten, die nicht durch wissenschaftliche nachprüfbare Untersuchungsdaten zu belegen sind.

Preis-Leistungs-Verhältnis

Bei der Kaufentscheidung spielt oft auch das Preis-Leistungs-Verhältnis eine Rolle. Ein Preisvergleich auf Basis der Futtermenge ist aufgrund der unterschiedlichen Zusammensetzungen von Futtermitteln keineswegs sinnvoll. Zweckmäßiger ist, die Kosten pro Energieeinheit (z. B. pro 1 MJ) zu vergleichen. Hierbei wird der Preis pro Gewichtseinheit durch den Energiegehalt pro Gewichtseinheit dividiert.

Vorausgesetzt, die beiden Futter sind in anderen Eigenschaften gleichwertig, ist das zunächst teurer erscheinende Futter B vorzuziehen. Allerdings ist dies nur ein Kriterium, das unmittelbar beim Kauf beurteilt werden kann. Die weiteren preisbeeinflussenden Kriterien sind z. B. die Qualität der Rohwaren, die Rezepturgestaltung und die Anwendung teurer Herstellungsverfahren. Klar ist: Auch preiswertes Futter muss den Energie- und Nährstoffbedarf des Tieres bei bestimmungsgemäßem Gebrauch abdecken.

Vergleich des Preis-Energie-Verhältnisses zwischen zwei verschiedenen Futtern

	Kosten pro 100 g (in Cent)	Energiegehalt pro 100 g (in MJ)	Kosten pro 1 MJ Energie (in Cent)
Futter A	40	1,4	29
Futter B	45	1,7	26

Packungsgröße und Verpackungsart

Geöffnete Dosen sollten spätestens nach 2 Tagen verbraucht sein. Für kleine Rassen sind daher kleine Packungen angemessen. Trockenfutterpackungen sollten nach Öffnung bei kühler Lagerung und Verschluss allenfalls nach zwei bis vier Wochen verbraucht sein.

Neben der Kennzeichnung sollte der Käufer auch Äußeres und Inhalt von Futtermittelverpackungen beachten. Im Allgemeinen werden Futtermittel heute im Handel nicht lange zwischengelagert. Allerdings kann es vorkommen, dass man Produkte kurz vor Ablaufdatum günstig angeboten bekommt oder dass sich bei längerer Lagerung im Haushalt Veränderungen zeigen.

Bei Dosenfuttern sprechen Rostflecke, Korrosionen usw. für qualitative Mängel. Eine Aufwölbung des Deckels ist ein sicheres Zeichen für Gasbildung und Verderbnisvorgänge im Inneren. Solche Dosen stehen unter erheblichem Druck und dürfen in keinem Fall verfüttert werden. Dies gilt auch für undichte Dosen bzw. Beutel. Bei Reklamationen sollte man dem Hersteller neben dem Produktnamen auch die Chargennummer bzw. Herstellungsnummer nennen.

Nach dem Öffnen der Dose spricht ein angenehmer Geruch bzw. das typische Aussehen für eine einwandfreie Qualität. Die Farbe des Doseninhaltes kann bei den meisten Futtermitteln wegen eventuell zugesetzter Farbstoffe nicht als Hinweis auf die verwendeten

Ausgangsmaterialien herangezogen werden: Ein intensiv rotes Produkt muss keineswegs besonders fleischreich sein.

Eine stärkere Fettschicht an der Oberfläche des Dosenfutters (oder am Unterrand des Deckels) spricht nicht zwangsläufig für ein fettreiches Produkt. Sie ist häufig Folge einer Entmischung des Doseninhaltes während der Temperaturbehandlung.

Auch bei Trockenfuttern kann die äußere Verpackung Qualitätshinweise geben. Bei fettreichen Produkten deuten Fettränder an den Papiersäcken auf eine ungenügende Verpackung bzw. zu hohe Aufsprühmengen oder eine Überlagerung hin. Defekte in der äußeren Verpackung, besonders an den Ecken, ermöglichen Schädlingsbefall. In diesem Zusammenhang können insbesondere Käfer und Milben zu Futterverderb beitragen. Häufig wird auch vermutet, dass Hunde auf ein verdorbenes Futter bzw. auf ein Futter, das mit Milben befallen ist, mit allergischen Symptomen reagieren. Dieses ist im Zweifel mit dem Tierarzt abzuklären.

Nach dem Öffnen der Verpackung soll der Geruch von Trockenfutter aromatisch-angenehm sein. Starke Veränderungen sprechen für eine Beeinträchtigung der Qualität. In Flockenfuttern können die einzelnen Komponenten manchmal identifiziert werden, z. B. Weizen-, Hafer-, Maisflocken, Möhren oder Hülsenfrüchte. Die meisten Produkte werden allerdings in einem besonderen Prozess hergestellt: dem Extrusionsverfahren. Durch Anwendung von Wärme und Druck werden die Futterkomponenten aufgeschlossen und zu den typischen Brocken verarbeitet. Diese Futter weisen aufgrund der Temperaturbehandlung im Allgemeinen nur sehr geringe Keimgehalte auf.

Spezielle typorientierte Futtermittel

Im Handel werden z. T. Futtermischungen für kleine, mittelgroße und große Hunde angeboten. Nach den heutigen Kenntnissen scheinen Hunde verschiedener Rassen Alleinfuttermittel gleich gut zu verdauen. Es deutet sich jedoch an, dass bei manchen größeren Rassen Feuchtfutter zu weicherem Kot bzw. stärkerer Gasbildung führen. Unter den größeren Rassen sind offenbar Labradore und Doggen empfindlicher als Irische Wolfshunde. Von den übrigen Großrassen fehlen Vergleichswerte.

Zunehmend werden Produkte für spezielle Rassen angeboten, die deren besonderen Ansprüchen entgegenkommen sollen.

Zur Fütterung älterer Hunde und von Hunden mit Gewichtsproblemen siehe Seite 91 sowie Seite 110 ff.

Fütterung von Alleinfuttermitteln

Alleinfutter sind bequem einzusetzen und sichern in der Regel ein ausgeglichenes Nährstoffangebot. Viele Hunde bekommen lebenslang Alleinfuttermittel.

Energie- und Eiweißbedarf

Bei der Zuteilung des Futters kann man sich zunächst an den Herstellerangaben orientieren. Im Einzelfall kann es sein, dass die auf Futterpackungen angegebenen Mengen nicht mit dem Bedarf des eigenen Hundes übereinstimmen. Es gibt bekanntermaßen erhebliche Variationsfaktoren, wie das Alter, die Rasse, die Erhaltung und die Bewegungsaktivität. Letztlich leitet sich die Futtermenge aus dem **Energiegehalt des Futters** und dem **Energiebedarf des Hundes** ab. Um diesen Zusammenhang richtig zu verstehen, sind Kenntnisse zum Energiebedarf des Hundes erforderlich. Wegen der engen Verknüpfung von Energie- und Eiweißstoffwechsel wird im nächsten Abschnitt auch der Eiweißbedarf erläutert.

Die richtige Futtermenge ist für die Leistungsfähigkeit entscheidend.

Energiebedarf ermitteln

In der Tierernährung gilt als Maßstab für den Energiebedarf eines Tieres ebenso wie für den Energiegehalt der Futtermittel die Dimension Joule (J; früher Kalorie) bzw. Megajoule (MJ). Über die Brennwerte der wichtigsten Futterinhaltsstoffe siehe Tabelle Seite 115 ff.

Die Energie, die sich aus den Gehalten an Rohnährstoffen und deren Energiewerten berechnet (siehe Tabelle S. 115), bezeichnet man als **Bruttoenergie**. Sie steht dem Organismus nur zum Teil zur Verfügung, denn die im Futter enthaltenen Stoffe werden nicht vollständig verdaut. Zieht man von der Bruttoenergie die mit dem Kot ausgeschiedene Energie ab, verbleibt die **verdauliche Energie**. Diese hat lange Zeit als Maßstab für die Energiebewertung der Futtermittel wie für den Energiebedarf des Hundes gegolten. Die verdauliche Energie lässt sich einfach berech-

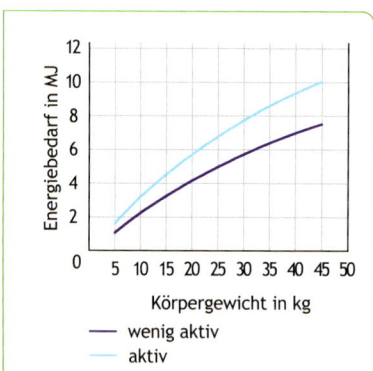

Der Energiebedarf unterscheidet sich bei Hunden in Abhängigkeit von Körpergewicht und Aktivität. Dies ist in den Kurven für aktive und wenig aktive Hunde dargestellt.

nen, indem die verdaulichen Rohnährstoffe eines Futtermittels mit ihren jeweiligen Energiegehalten multipliziert werden (siehe Tabelle S. 113).

Seit einigen Jahren werden der Energiebedarf von Hunden und der Energiegehalt von Futtermitteln in der Dimension **umsetzbare Energie** angegeben. Bei ihrer Berechnung werden Energieverluste über Kot und Harn berücksichtigt.

Hunde, die im Erhaltungsstoffwechsel stehen, d. h. keine zusätzlichen Leistungen wie Bewegung, Wachstum oder Reproduktion erbringen, benötigen täglich so viel Energie, dass sie bei vorhandenem Normalgewicht weder ab- noch zunehmen.

Die für den Erhaltungsstoffwechsel benötigte Energie eines Tieres steigt nicht proportional mit dessen Körpergröße. Stattdessen steht sie in engem Zusammenhang mit dem Verhältnis von Körperoberfläche zu Körpervolumen bzw. -gewicht. Dies liegt daran, dass Energie in Form von Wärme vor allem über die Haut verloren geht. Ein kleiner Hund hat im Verhältnis zu seinem Körpervolumen eine relativ große Körperoberfläche, d. h. sein Wärmeverlust pro kg Körpergewicht ist in der Regel höher als bei einem großen Hund. Die Körperoberfläche nimmt etwa in der ¾-Potenz zum Körpervolumen zu.

Somit kann der Energiebedarf auf das sogenannte **Stoffwechselgewicht** (Körpergewicht zur ¾-Potenz erhoben) bezogen werden. Für die Fütterungspraxis folgt daraus, dass der Energiebedarf pro kg Körpergewicht bei großen Hunden geringer ist als bei kleinen Hunden. Der Bedarf an umsetzbarer

Energie pro kg Stoffwechselgewicht liegt zwischen 0,42 und 0,56 MJ.

Der Energiebedarf (bezogen auf das Stoffwechselgewicht) kann jedoch wiederum bei einzelnen Rassen – unabhängig von der Größe – variieren. In der linken Abbildung sind die bisher bekannten Abweichungen eingezeichnet. Doggen benötigen z. B. mehr Energie im Erhaltungsstoffwechsel als Beagle oder Neufundländer. Doch diese Unterschiede können durch andere Eigenschaften überdeckt werden, denn auch innerhalb jeder Rasse variiert der Energiebedarf einzelner Tiere. Daher hört man immer wieder die Frage, warum der eigene Hund bei relativ wenig Futter fett wird oder umgekehrt, warum er bei einem „Löwenhunger" nichts „auf die Rippen kriegt".

Hier können – sofern keine Krankheiten vorliegen – Temperament, Alter, Haut und Haar, Umgebungstemperatur oder Haltungsbedingungen eine Erklärung liefern. So setzen z. B. temperamentvolle Hunde mit viel Bewegungsdrang mehr Energie um als träge Tiere. Aufgrund dieser Verhaltensunterschiede benötigen ältere Hunde weniger Energie als jüngere, schon ausgewachsene Tiere. Hunde mit dichtem Fell oder einer dicken Haut (viel Unterhautfett) sind gut isoliert und benötigen meistens weniger Futter. Tiere, die ständig in einer warmen Wohnung leben, setzen weniger Energie um als Tiere, die im Freien gehalten werden und Kälte oder sogar Feuchte ausgesetzt sind.

Die Intensität und Dauer der täglichen Spaziergänge mit dem Hund zehrt natürlich an dessen Energiehaushalt, doch man sollte sich nicht täuschen: Wenn der Hund 1 Stunde lang an der Leine im Schritt geht, ist der Energieumsatz höchstens um 10 % erhöht. Zieht der Hund dagegen bei langen Wanderungen ständig in schneller Gangart seine Kreise, so kann der Energieumsatz fast das Doppelte des Erhaltungsbedarfs ausmachen.

Die aufgeführten Zahlen zur Energieversorgung von Hunden sind somit nur Richtwerte und müssen entsprechend Rasse, Umgebungstemperatur, Bewegungsaktivität, Hautisolation, Temperament und Alter angepasst werden.

Als wichtigstes Kriterium für die richtige Energiezufuhr im Erhaltungsstoffwechsel ist stets das optimale Körpergewicht in Verbindung mit der gewünschten Körperkondition anzusehen (siehe S. 54).

Eiweißbedarf

Neben der Energie benötigt der Hund – auch im Erhaltungsstoffwechsel – Eiweiß, weil im Körper ständig eiweißhaltige Gewebe auf- und abge-

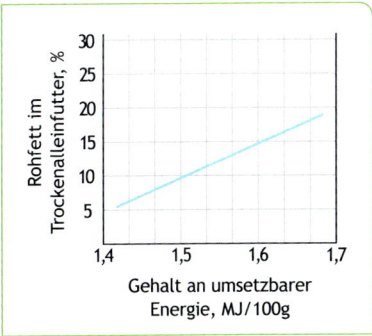

Der Energiegehalt des Futters hängt von seinem Fettgehalt ab, hier dargestellt am Beispiel eines Trockenfutters.

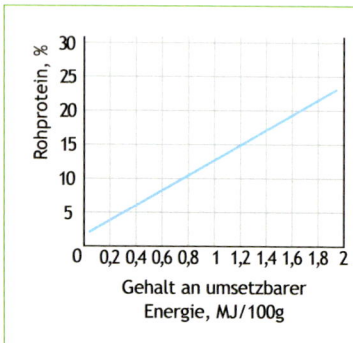

Der Rohproteingehalt im Futter sollte sich nach dem Energiegehalt richten, je energiereicher desto nährstoffreicher sollte das Futter sein.

baut werden und in diesem Zusammenhang stickstoffhaltige Substanzen über Kot, Harn, aber auch über die Haut verlorengehen. Die Eiweißmenge im Organismus soll im Erhaltungsstoffwechsel konstant bleiben. Dazu werden etwa 5 g verdauliches Rohprotein pro kg Stoffwechselgewicht benötigt.

Meist sind die im Handel erhältlichen Futtermittel proteinreicher als es nach den Versorgungsempfehlungen notwendig wäre. Dieses kann bei einem gesunden Hund problemlos toleriert werden. Vorsicht ist allerdings bei älteren Hunden oder bei vorliegenden Erkrankungen der Leber beziehungsweise der Nieren geboten.

Auswahl der Alleinfutter

Im Handel werden drei Sorten von Alleinfuttermitteln angeboten: Trockenfutter, Feuchtfutter und halbfeuchte Futtermittel. Im Folgenden werden

ihre Charakteristika sowie Vor- und Nachteile näher beleuchtet.

Trockenalleinfutter

Trockenalleinfutter sind einfach zu handhaben, können länger gelagert werden und haben preisliche Vorteile. Allerdings gibt es erhebliche Produktunterschiede. Trockenalleinfuttermittel sind leicht zuzuteilen, die meisten Hunde nehmen sie gern auf und sie sind in der Regel sehr gut verträglich. Oft wird eine günstige Wirkung auf die Zahngesundheit vermutet. Diese hängt allerdings von der Form, der Härte und der Oberflächenbeschaffenheit der Futterbrocken ab.

Trockenalleinfutter werden in Form von Flockengemischen oder als Extrudate (wärme- und druckbehandelt) in Krokettenform angeboten, sehr selten finden sich noch pelletierte Produkte (gepresstes Futter). Als Grundlage enthalten die meisten Trockenfutter Getreide, insbesondere Gerste, Weizen, Mais und Reis, gelegentlich auch andere Stärkelieferanten wie Tapioka, Hirse oder Kartoffeln. Die Getreidestärken werden durch Wärmebehandlungen im Herstellungsprozess aufgeschlossen, sodass sie im Dünndarm von Hunden hoch verdaulich sind.

Als Eiweißquellen dienen tierische Produkte, unter anderem Frischfleisch,

Zahnstein bildet sich im Laufe der Zeit bei vielen Hunden, unabhängig davon, wie die Tiere gefüttert werden. Eine regelmäßige Gebisskontrolle durch den Tierarzt ist in jedem Fall anzuraten.

Täglicher Bedarf an umsetzbarer Energie und verdaulichem Eiweiß bei Hunden mit verschiedenem Gewicht (Erhaltungsstoffwechsel)			
Gewicht des	Umsetzbare Energie (MJ)		verdauliches
Hundes (kg)	jüngere, temperamentvolle Hunde	ältere, trägere Hunde	Eiweiß (g)
2	0,9	0,7	8
5	1,9	1,4	17
10	3,1	2,4	28
15	4,3	3,2	38
20	5,3	4,0	47
25	6,3	4,7	56
30	7,2	5,4	64
35	8,1	6,0	72
60	12,1	9,1	108
80	15,0	11,2	134

tierische Nebenprodukte, in geringen Mengen Molkereiprodukte, Hühnereier, Fisch- und Tiermehl sowie pflanzliche Eiweißextrakte von Sojabohnen, eventuell auch von Leinsamen oder Sonnenblumen. Die Futter werden auch mit Fetten tierischer Herkunft oder Öl pflanzlicher Herkunft angereichert.

Weitere Komponenten, die in kleinen Mengen verwendet werden sind Gemüse, Bierhefe, und insbesondere faserhaltige Komponenten wie Rübenmark (Grundgerüst der Zuckerrüben nach Entfernung des Zuckers) sowie Mineralstoffe, Spurenelemente, Vitamine und andere Zusatzstoffe.

Die einzelnen Futterbrocken werden häufig mit einer Schicht aus Fett bzw. Eiweißlösungen übersprüht, um sie für den Hund attraktiver zu gestalten. Empfehlungen zu den erforderlichen Nährstoffgehalten in Futtermitteln für ausgewachsene Hunde gibt die Tabelle S. 46. Die Daten stellen Richtwerte dar, anhand derer eine bedarfsdeckende Ernährung ausgewachsener Hunde möglich ist. Praxiswerte weichen davon häufig nach oben ab.

Die Verdaulichkeit erreicht bei den meisten Trockenalleinfuttern 85 bis 90 %. Werte von 80 % und weniger deuten auf minderwertige Komponenten oder falsche Zubereitung hin und führen zu höherem Futterverbrauch, höheren Kotmengen und in vielen Fällen auch zu Verdauungsstörungen.

Ein durchschnittliches Trockenalleinfutter enthält bei 5 bis 10 % Fett etwa 1,55 MJ verdauliche Energie pro 100 g Futter. Der jeweilige Fettgehalt bestimmt den Energiegehalt am stärksten. Allerdings kann ein hoher Rohasche- oder Rohfasergehalt diesen Wert wiederum negativ beeinflussen. Der Energiegehalt des Futters bestimmt auch,

Richtwerte für die Futterzusammensetzung		
	Trockenalleinfutter	Feuchtalleinfutter
Feuchte (%)	< 12	< 80
Rohasche (%)	< 10	< 2
Rohprotein (%)	> 18	5,5
Rohfett (%)	> 5	> 1
Rohfaser (%)	> 1	> 0,2
ums. Energie (MJ/100 g)	1,4–1,6	0,4–0,55
Kalzium (%)	0,8	0,23
Phosphor (%)	0,6	0,13
Natrium (%)	0,4	0,12
Vitamin A (IE/100 g)	850	250
Vitamin D (IE/100 g)	85	25
Vitamin E (mg/100 g)	8	2,5

welche Gehalte für die übrigen Nährstoffe als optimal angesehen werden können. Empfohlene Bereiche für die wichtigsten Mengenelemente sowie fettlöslichen Vitamine sind der Tabelle oben zu entnehmen.

Der Käufer sollte beachten, dass Mischfuttermittel mit den höchsten Gehalten an Nährstoffen nicht automatisch gesünder für den Hund sind. Überhöhte Gehalte können auch nachteilig wirken. Beispielsweise kann durch hohe Eiweiß- und Fettgehalte die Akzeptanz des Futters so sehr steigen, dass die Gefahr von erhöhter Futteraufnahme und damit von Übergewicht besteht.

Halbfeuchte Alleinfutter

Die sogenannten halbfeuchten Mischfuttermittel haben in den vergangenen Jahren an Bedeutung verloren. Sie weisen einen etwas höheren Wassergehalt (17 bis 20 %) auf als Trockenalleinfutter, sodass zur sicheren Lagerung Konservierungsstoffe benötigt werden. Üblich sind wasserbindende Zusätze wie Propylenglykol oder Zucker. Der Zuckergehalt kann 5 bis 10 % erreichen.

Für halbfeuchte Futter stehen als Ausgangsmaterialien ähnliche Komponenten zur Verfügung wie für Trockenfutter. Als Eiweißquelle wird wegen der günstigen Verarbeitungsmöglichkeiten in größerem Umfang Sojaeiweiß eingesetzt. Nach entsprechender Vorzerkleinerung und Vermischung sowie dem Zusatz von wasserbindenden Stoffen kann das Material plastisch geformt werden, sodass zähelastische, unterschiedlich geformte und gefärbte Produkte entstehen.

Der Fettgehalt ist in der Regel etwas höher, der an Asche geringer als in Trockenalleinfuttern (bezogen auf die Trockensubstanz). Mineralstoff- und

Vitamingehalte sind im Allgemeinen den Bedürfnissen des Tieres angepasst. Bei einigen Produkten werden relativ hohe Kalziumgehalte beobachtet. Die in der Tabelle auf Seite 46 aufgeführten Richtwerte für Trockenalleinfutter können – um 10 % reduziert – für diesen Futtertyp zugrunde gelegt werden.

Die Verdaulichkeit halbfeuchter Futter ist ähnlich den Trockenfuttermitteln. Die Vorteile der halbfeuchten Futter liegen in ihrer guten Akzeptanz (aufgrund des Wasser-, aber auch des Zucker- und Fettgehaltes) sowie in ihrer einfachen Handhabung bei der Zuteilung. Nachteile für die Zahngesundheit aufgrund der weichen Konsistenz und der zum Teil hohen Zuckergehalte sind nicht auszuschließen und können eventuell durch ein Beifutter abgeschwächt werden.

Feuchtalleinfutter

Feuchtalleinfutter – oft als Dosenfutter bezeichnet – werden heute auch in festen Kunststoff- oder Aufreißschalen angeboten, die ihre Handhabung wesentlich erleichtern. Der große Vorteil dieser Produkte liegt in ihrer **langen Haltbarkeitsdauer** und **hohen hygienischen Qualität.** Aufgrund der Hitzebehandlung bei der Herstellung kommt es zu einer Konservierung sowie zum Aufschluss der Futterkomponenten. Andererseits ist diese Behandlung mit Verlusten an Vitaminen und anderen temperaturempfindlichen Inhaltsstoffen verbunden. Dieses muss bei der Rezepturgestaltung unbedingt berücksichtigt werden. Risiken bezüglich der Zahngesundheit sind ähnlich wie bei den halbfeuchten Futtern zu beurteilen.

Die Feuchtalleinfutter enthalten als wichtigste Grundstoffe Muskelfleisch und Organe verschiedener Tierarten, vor allem tierische Nebenprodukte. Die Betonung einer bestimmten Fleischgeschmacksrichtung – Rind, Lamm, Pute usw. – bedeutet nicht, dass diese Fleischart wirklich einen dominierenden Mengenanteil (bezogen auf die Futtertrockensubstanz) ausmacht. Besonders hochwertige und damit kostenintensive Zusätze, zum Beispiel in Form von Molkereiprodukten, Trockenei oder Fischen sind meistens eher marginal. Neben den tierischen Produkten werden für diese Futter auch Eiweiße pflanzlicher Herkunft, zum Beispiel aus Sojabohnen, Leguminosen oder Getreide verwendet.

Zu eiweißhaltigen Futtermitteln kommen stärkereiche Produkte, zum Beispiel Getreide aller Art hinzu, eventuell auch geringe Mengen an Zucker, der im Zusammenhang mit den Erhitzungsprozessen der Aromabildung dient. Zusätze von Fetten oder Ölen, Bierhefe und faserhaltigen Substanzen, beispielsweise Rübenschnitzel oder auch Zellulose bzw. Gemüse werden je nach Produkt in unterschiedlicher Menge eingesetzt. Viele Feuchtfuttermittel enthalten **Dickungs- und Geliermittel,** um Flüssigkeit zu binden.

Die in der Rezeptur vorgesehenen Futterkomponenten werden zerkleinert, gemischt, und oft, um eine den Käufer ansprechende Form und Konsistenz zu erhalten, mit Polyphosphaten behandelt.

Der Trockensubstanzgehalt in Feuchtalleinfuttern schwankt zwischen unter 20 und mehr als 25 %. Aufgrund des hohen und unterschiedlichen Was-

Alleinfutter werden von vielen Hundebesitzern verwendet

der Energiegehalt bei sonst gleichen Inhaltsstoffen mit dem Fettanteil deutlich zu. Viele Feuchtalleinfuttermittel enthalten erheblich mehr Eiweiß als notwendig, sodass die Relation g Eiweiß pro 1 MJ Energie deutlich über den Empfehlungen für den Erhaltungsstoffwechsel liegt. **Eiweißgehalte** von über 9 % sind selbst bei sehr hohen Fettanteilen nicht nötig.

Vor allem ältere und sensible Hunde können auf eine sehr eiweißreiche Fütterung mit Verdauungsproblemen reagieren, insbesondere wenn der hohe Eiweißanteil im Futter mit dem Einsatz von Dickungsmitteln und einem geringen Gehalt an Rohfaser einhergeht. Dieses ist häufig bei sehr großen und sehr lebhaften Rassen der Fall. In Kombination von Feuchtalleinfuttermitteln mit eiweißarmen Ergänzungen (Reis, Nudeln, Biskuits usw.) lässt sich oft eine bedarfsdeckende Fütterung unter Vermeidung von Überversorgung realisieren.

Der **Rohfasergehalt** sollte in den Feuchtalleinfuttern über 0,2 % betragen. Die Gehaltsangaben für Kalzium und Phosphor sind – da sie in Prozent aufgeführt werden und gewöhnlich nur eine Stelle hinter dem Komma aufweisen – leider ziemlich ungenau. Die empfohlenen Gehalte für diese Mineralien ebenso wie für die wichtigsten Vitamine sind der Tabelle auf Seite 46 zu entnehmen. Vitamin A wird in diesen Produkten teilweise nicht deklariert, da es wegen der hohen Gehalte in natürlichen Produkten – z. B. Leber – nicht zugesetzt werden muss. Die Mindestgehalte werden dann mit Sicherheit erreicht, teilweise auch deutlich überschritten.

sergehaltes sind die Angaben zu Inhaltsstoffen auf der Basis der Frischsubstanz nicht einfach mit anderen Futtermitteln zu vergleichen. Bezogen auf die Trockenmasse liegen die Gehalte an Rohprotein, besonders aber auch an Rohfett deutlich höher, die an Rohfaser z. T. niedriger als in den übrigen Futtermitteln, während der Rohaschegehalt erheblich sein kann (durchschnittlich 10 % in der Trockensubstanz).

In der Frischsubstanz sind im Mittel rund 0,4 bis 0,55 MJ umsetzbare Energie pro 100 g zu erwarten. Ähnlich wie bei den Trockenalleinfuttern nimmt

Wasserbedarf

Hunde müssen ständig Zugang zu frischem Wasser haben. Es ist ebenso wichtig wie das tägliche Futter. Das Trinkwasser muss frei von Geschmacksveränderungen sein, die zu einer Minderaufnahme führen. Hunde trinken oft abgestandenes Wasser aus Regenpfützen und Gräben lieber als frisches Leitungswasser mit einem Nebengeschmack. Die Wassertemperatur sollte nicht unter 5 bis 10 °C liegen. Eiskaltes Wasser oder Schnee können Reizungen der Magenschleimhaut verursachen, Folge ist dann häufig Erbrechen oder auch Durchfall.

Der Trinkwasserbedarf des Hundes richtet sich nach dem Wassergehalt im Futter, der aufgenommenen Futtermenge und -art sowie seiner Bewegungsaktivität und der Umgebungstemperatur. Richtwerte sind der Tabelle S. 50 zu entnehmen.

Da Feuchtfutter bereits viel Wasser enthalten, ist der Wasserkonsum bei Einsatz dieser Futter niedriger als bei Trockenfuttern. Dennoch sollte man auch hier stets frisches Wasser zusätzlich anbieten. Bei Trockenfuttern ist die Wasseraufnahme nach der Fütterung am höchsten.

Insbesondere bei hohen Umgebungstemperaturen, z. B. während sommerlicher Reisen oder nach intensiver Bewegung, ist die kontinuierliche Wasserversorgung unverzichtbar. Bei Autoreisen während der warmen Jahreszeit sollte der Hund alle 2 Stunden Gelegenheit zum Trinken haben.

Wenn der Hund bei wenig Bewegung und normalen Umgebungstemperaturen mehr trinkt, als es den Werten in der Tabelle auf Seite 50 entspricht, kann die Futterzusammensetzung falsch sein (z. B. erhöhter Salzgehalt). Häufig beruht dieses Verhalten jedoch auf Krankheiten, zum Beispiel einer Fehlfunktion der Nieren oder auf einer Zuckererkrankung. Beides tritt bei älteren Hunden häufiger auf.

Fütterungs- und Tränktechnik

Neben einer ausgewogenen Futterration sind sowohl Zeitpunkt als auch Handhabung der Fütterung äußerst wichtig, um seinen Vierbeiner gesund und fit zu halten.

Fress- und Tränkgefäße

Fress- und Trinknäpfe sollten ausreichend groß und schwer sein. Sie müssen leicht zu reinigen und beißfest sein und dürfen nicht korrodieren. Für Feuchtfutter müssen die Näpfe aufgrund des größeren Futtervolumens größer sein als bei Trockenfuttern.

Fressnäpfe werden aus Steinzeug, Edelstahl und Kunststoff hergestellt. Kunststoffnäpfe lassen sich einfach handhaben, werden jedoch eventuell zerbissen. Runde Gefäße oder Näpfe mit abgerundeten Kanten sind eckigen vorzuziehen, da der Hund sie besser leeren kann und ihre Reinigung einfacher ist.

Der Fressnapf sollte einen festen Platz haben, sodass sich der Hund an den Ort der Futteraufnahme gewöhnt. Während des Fressens lässt man ihn am besten allein, damit keine Konkurrenzsituation entsteht, die zu hastiger Futteraufnahme verführen könnte.

Werden mehrere Hunde gehalten, muss jedes Tier einen separaten Napf haben. Ob die Tiere gemeinsam gefüttert werden können, hängt von der Gewöhnung und Rangordnung ab.

Häufig wird die Frage gestellt, ob der Fressnapf auf dem Boden stehen oder gerade bei großen Rassen in erhöhter Position sein sollte. Große Rassen sind besonders empfindlich, eine Magenaufgasung und -drehung zu entwickeln. Vermutungen, dass dieses mit der Position des Fressnapfes zusammenhängt, konnten aber bisher nicht bestätigt werden.

Für manche Rassen gibt es sinnvoll gestaltete Näpfe, z. B. hohe Näpfe für Cocker-Spaniel, damit die Ohren beim Fressen nicht zu stark verschmutzt werden. Für besonders hastige Fresser gibt es sogenannte „Anti-Schlingnäpfe" mit Einsätzen, sodass die Erreichbarkeit des Futters eingeschränkt und die Futteraufnahmedauer erhöht wird. „Futterbälle" können eingesetzt werden, um Hunde über längerer Zeit zu beschäftigen bzw. um die Futteraufnahme zu reduzieren.

An die Tränkgefäße sind ähnliche Anforderungen wie an die Futtergefäße zu stellen. Am besten bleiben sie getrennt von den Fressnäpfen, damit der Hund nicht ständig zwischen Fressen und Trinken wechselt. Bei Doppelnäpfen können besonders im Sommer Hygieneprobleme entstehen.

Futtermenge

Die pro Tag benötigte Futtermenge ergibt sich aus dem Energiegehalt des Futters und dem jeweiligen Bedarf des Tieres. Enthält ein Futter in 100 g Frischsubstanz z. B. 1,5 MJ umsetzbare Energie und beträgt der tägliche Energiebedarf eines 10 kg schweren Hundes rd. 2,8 MJ, so sind täglich

2,8 × 100/1,5 = 187 g Futter zuzuteilen.

Die Tabelle auf Seite 54 zeigt die pro Tag benötigten Futtermengen für diverse Alleinfutter und Hunde mit unterschiedlichem Gewicht. Die für verschiedene Gewichtsklassen empfohlenen Futtermengen stellen Richtwerte dar und müssen für den eigenen Hund entsprechend modifiziert werden.

Wenn der Hund zusätzlich Futter (Speisereste, Leckerchen usw.) aufnimmt, müssen die in der Tabelle angegebenen Werte entsprechend gedrosselt werden.

Das Futter täglich abzuwiegen, ist umständlich. Zur Erleichterung kann man nach Volumen dosieren, d. h. das

Täglicher Trinkwasserbedarf des Hundes (ml pro kg Körpergewicht)			
	Temperatur	Trockenfutter	Feuchtfutter
normale Umgebungstemperatur	< 20 °C	40–50	5–10
hohe Umgebungstemperatur	> 20 °C	50–100	20–50
erhöhte körperliche Aktivität[1]	< 20 °C	bis 100	bis 50
	> 20 °C	bis 150	bis 100
[1] bei mittlerer Laufgeschwindigkeit: rund 10 ml pro Stunde und kg Körpergewicht			

Futter wird in einem Gefäß, dessen Inhalt einmal gewogen wird, zugeteilt. Das Volumengewicht verschiedener Futterarten kann jedoch erheblich schwanken, sodass es für jedes neue Futtermittel überprüft werden sollte. Bei Dosenfuttern, die meist in kleinen Behältnissen abgepackt sind, ist eine exakte Dosierung einfacher.

Auf die Frage, ob Hunden Futter zur freien Aufnahme oder in zugeteilter Form angeboten werden soll, gibt es keine generelle Antwort. Innerhalb jeder Rasse gibt es „Fresser", die bei einem großzügigen Futterangebot weitaus mehr Energie aufnehmen als zuträglich. Daher ist nur bei Tieren, die ihr Gewicht bei freier Futterwahl konstant halten, ein Futterangebot zur freien Aufnahme (ad-libitum-Fütterung) gerechtfertigt, sonst kommt es besonders bei älteren Tieren schnell zur Verfettung.

Bei der Zuteilung sollte das Futter idealerweise Raumtemperatur haben. Auf keinen Fall darf dem Hund gefrorenes oder unmittelbar aus dem Kühlschrank entnommenes Futter gegeben werden. Sofern der Hund bei zugeteilter Fütterung seine Ration nicht spontan aufnimmt, ist das nicht gefressene Futter spätestens eine halbe Stunde später zu entfernen und nach einigen Stunden wieder anzubieten. Dadurch lässt sich der Hund zu einer zügigen Futteraufnahme erziehen. Feuchtfutter sollten an warmen Tagen nicht länger als 4 bis 6 Stunden im Napf bleiben, um Nachgärungen, die eventuell zu Unverträglichkeiten führen, zu vermeiden.

Wenn der Hund einmal seine Nahrung verweigert, muss er nicht gleich krank sein (siehe S. 96). Hält dieser Zustand jedoch trotz Futterwechsels länger als 2 bis 3 Tage an oder treten offensichtliche Krankheitssymptome auf, so ist ein Tierarzt zu konsultieren (siehe S. 96).

Bei Futterverweigerung oder schlechter Aufnahme ist es häufig hilfreich, das Futter auf Körpertemperatur anzuwärmen. Die Schmackhaftigkeit von Trockenfuttern lässt sich durch Anrühren (1:1) mit 40 °C warmem Wasser erhöhen. Auch Übergießen mit etwas Öl (z. B. Sojaöl) oder Fett kann die Aufnahme in vielen Fällen verbessern. Falls Futtermittel über mehrere Tage schlecht gefressen werden, sollte man ein anderes Produkt anbieten.

Die Frage, ob Trockenfutter feucht oder trocken verfüttert werden soll, wird häufig gestellt. Man kann beides tun. Allerdings lassen sich viele Produkte aufgrund ihres höheren Fettgehalts nur schlecht mit Wasser einweichen. Trockene, harte Produkte können zudem für die Zähne günstiger sein.

Häufigkeit und Zeitpunkt der Fütterung

Die Futteraufnahmekapazität des Hundes ist im Erhaltungsstoffwechsel so hoch, dass eine einmalige tägliche Futterzuteilung genügen würde. Bei großen Rassen ist es jedoch zur Vorbeuge der gefürchteten Magenaufgasung und -drehung besser, mehrmals pro Tag zu füttern (siehe S. 100). Bei schlechten Fressern, älteren Hunden, Tieren mit Neigung zu Verdauungsstörungen und bei Riesenrassen ist eine 2- bis 3-malige Fütterung sinnvoll. Dabei darf jedoch die für das Tier pro Tag insgesamt notwendige Futtermenge nicht überschritten werden.

Wasseraufnahme – hier mal unkonventionell.

Die Fütterung sollte immer zur gleichen Tageszeit erfolgen. Dabei sollte beachtet werden, dass der Hund nach der Futteraufnahme zur optimalen Verdauung eine Ruhepause von bis zu 3 Stunden benötigt. Berufstätige Hundebesitzer können also durchaus am Morgen füttern.

Andererseits ist auch die Fütterung am späten Abend möglich, sodass der Hund während der Nacht verdauen kann und am kommenden Morgen Gelegenheit zum Kotabsatz hat. Die Häufigkeit des Kotabsatzes variiert von 1 bis 3 Mal täglich und kann in gewissem Umfang durch die Fütterung beeinflusst werden. Wenig verdauliches, rohfaserreiches Futter führt dazu, dass die Kotabsatzfrequenz ansteigt.

Soll der Hund 1 mal pro Woche hungern? Manche Tierhalter halten das für „natürlich", man erwartet dadurch einen „Reinigungseffekt" im Darm. Eine solche Maßnahme ist nicht notwendig, insbesondere, wenn der Hund bedarfsgerecht gefüttert wird. Eine kurze Nahrungskarenz ist jedoch immer dann zu empfehlen, wenn sich der Hund überfressen hat oder wenn Anzeichen für Verdauungsstörungen (Erbrechen, Durchfall) zu beobachten sind.

Unvernünftig ist es, den Hund außerhalb seiner gewohnten Fresszeiten zu füttern – beispielsweise während der eigenen Mahlzeiten, wenn er sich gerade einmal in der Küche aufhält oder beim Restaurantbesuch. Dies erzieht ihn zum Betteln, was für den Tierhalter lästig und unangenehm ist und schließlich so weit gehen kann, dass sich der Hund am Tisch oder in der Küche selbst bedient. Eine kontrol-

lierte Energiezufuhr ist dann schlimmstenfalls nicht mehr möglich.

Futterwechsel

Die landläufige Meinung, der Hund benötige Abwechslung beim Fressen, ist nicht zutreffend. Viele Hunde haben sich an einen bestimmten Futtertyp mit gleichbleibender Zusammensetzung und gleichbleibender Qualität gewöhnt. Dass neues, unbekanntes Futter lieber gefressen wird, scheint vor allem durch den Reiz des Neuen geprägt zu sein. Bei Versuchen ist oft beobachtet worden, dass das neue Futter nur wenige Tage lang bevorzugt wird.

Ist ein Futterwechsel notwendig, so ist bei empfindlichen Hunden das alte mit dem neuen Futter über zwei Tage zu mischen, sodass die Umgewöhnung langsam abläuft. Ein plötzlicher Futterwechsel kann zu Fehlgärungen im Darm und zu Durchfällen führen, insbesondere, wenn von Trocken- auf Feuchtfutter gewechselt wird.

Zusätzliche Futtermittel

Wenn der Hund ein ausgewogenes Alleinfutter erhält, benötigt er keine zusätzlichen Nährstoffergänzungen, um gesund zu bleiben. Sie können sogar wegen der resultierenden Überdosierung bestimmter Nährstoffe schädlich sein.

Sinnvoll kann sein – besonders bei Fütterung von Feuchtfuttern – Produkte zur Zahnreinigung und zum Gebisstraining anzubieten. Die Zahngesundheit muss beim Hund – wie beim Menschen – regelmäßig kontrolliert werden, die üblichen Produkte können die Neubildung von Zahnstein reduzie-

Richtwerte für die Futterzuteilung bei Hunden				
	Feuchtfutter (0,5 MJ/100 g)		Trockenfutter (1,5 MJ/100 g)	
	jüngere, temperamentvolle Hunde	ältere, trägere Hunde	jüngere, temperamentvolle Hunde	ältere, trägere Hunde
Körpergewicht, kg	Futtermengen in g/Tag			
2	188	141	63	47
5	374	281	125	94
10	630	472	210	157
15	854	640	285	213
20	1059	794	353	265
25	1252	939	417	313
30	1436	1077	479	359
35	1612	1209	537	403
60	2415	1811	805	604
80	2996	2247	999	749

Die richtige Futtermengenzuteilung kann leicht aus der Körperkondition abgelesen werden. Dazu können auf einer neunstufigen Skala folgende Anhaltspunkte genutzt werden:

Stufe[1]	Bewertung	Beschreibung
1	unterernährt	Knochenvorsprünge deutlich sichtbar und direkt unter der Haut liegend, kein erkennbares Körperfett, Verlust an Muskulatur.
3	mager	Rippen leicht tastbar bzw. teils sichtbar, Dornfortsätze der Lendenwirbel sichtbar, Beckenknochen stehen hervor, sehr deutliche Taille, von der Seite sichtbare starke Einziehung der hinteren Bauchgegend, allenfalls geringe Fettabdeckung.
5	normal	Rippen leicht tastbar mit geringer Fettabdeckung, Taille erkennbar, von der Seite sichtbare Einziehung der hinteren Bauchgegend.
7	übergewichtig	Rippen nur unter Druckanwendung zu fühlen, Fettauflagerungen im Lendenbereich und am Schwanzansatz, beginnende Umfangsvermehrung im Bauchbereich.
9	verfettet	Rippen, Hüfthöcker, Dornfortsätze mit massiven Fettauflagerungen, Fettablagerungen am Hals und deutliche Umfangsvermehrung im Bauchbereich.
[1] Zwischenstufen sind möglich		

ren, ersetzen aber die Zahnpflege nicht.

Zum Training des Gebisses bieten sich Knochen (siehe S. 73) sowie Kauknochen aus kollagenreichen tierischen Nebenprodukten an. Kauartikel aus Kunststoff sind problematisch, da sie oft insgesamt oder in Teilen geschluckt werden. Keine Probleme verursachen sogenannte Kauknochen aus Leder („Büffelhaut"), da sie meist so weit zerbissen werden, dass Teilstücke aufgrund ihrer Elastizität den Verdauungskanal ohne Schwierigkeiten passieren. Mit Kauknochen kann sich der Hund lange beschäftigen. Das ist positiv, aber keinesfalls ein Ersatz für den täglichen Auslauf oder die direkte Beschäftigung mit ihm!

Eine Alternative zu diesen Knochen bieten hart gebackene Trockenprodukte, die speziell zur Reinigung der Zähne dienen sollen. Ähnliche Wirkungen sollen von faserreichen Spezialdiäten ausgehen, in denen pflanzliche Faserstoffe „bürstenartig" angeordnet sind.

Zusätzlich möchte mancher Hundebesitzer seinem Hund jedoch auch etwas zur Abwechslung oder zur Belohnung anbieten.

Kann man dem Hund, der auf Alleinfutter eingestellt ist, z. B. auch Essensreste anbieten? Wenn diese unverdorben sind, ist das kein Problem. Allerdings sollte der Hund diese Reste nur zur gewohnten Fütterungszeit erhalten, und ihr Anteil an der Tagesration sollte nicht mehr als 5 bis 15 % ausmachen. Besonders wichtig ist es dann, die übliche Futtermenge um diesen Betrag zu kürzen, da sonst Übergewicht resultieren kann.

Auch bei weiteren von der Industrie angebotenen Beifuttern (siehe S. 86) gilt, dass die beigefütterte Menge maximal 10 % der Tagesration ausmachen und die Gesamtration entsprechend angepasst werden sollte.

Beurteilung der Fütterung

Die Zweckmäßigkeit der Ernährung kann der Hundebesitzer selbst kontrollieren, indem er folgende Kriterien beachtet:

– Akzeptanz des Futters,
– Gewicht bzw. Kondition des Hundes,
– Kotmenge und -konsistenz,
– Haut und Haar,
– Verhalten.

Geruchskomponenten des Futters bewirken, dass der Hund bereits bei Vorbereitung der Fütterung lebhaftes Interesse zeigt. Falls das Tier nicht so reagiert, muss das allerdings nicht das Gegenteil bedeuten, sondern kann auf seiner Eigenart beruhen.

Falls der Hund bei der ersten Mahlzeit eines neuen Futters nicht sofort frisst, sollte man es nicht gleich absetzen, sondern abwarten, ob eine Gewöhnung erfolgt. Häufig ist jedoch das erste Verhalten des Hundes gegenüber einem Futter entscheidend.

Die Kotmenge gibt Hinweise auf die Verdaulichkeit des Futters. Hier muss berücksichtigt werden, dass der Kot beim Hund zu etwa 55 bis 75 % aus Wasser besteht und somit nicht allein die absolute Menge, sondern gleichzeitig auch die Feuchtigkeit mit beurteilt werden muss. Damit in Zusammen-

Nach dem Fressen sollte der Hund bis zu drei Stunden ruhen.

hang steht die Häufigkeit des Kotabsatzes. Schwer verdauliche Futtermittel führen dazu, dass die Kotabsatzfrequenz stark zunimmt.

Der tägliche Kotabsatz ist außerdem ein Indikator für das Wohlbefinden des Hundes. Der Kot sollte weder zu hart noch zu weich sein. Zu fester Kot kann auf einen zu hohen Asche(Knochen-) oder Rohfasergehalt in der Ration, aber auch auf Passagestörungen durch Beckenknochenveränderungen oder Prostatavergrößerung hinweisen. Weicher bis flüssiger Kot beruht meist auf einer unzweckmäßigen Zusammensetzung des Futters. Bei chronisch zu weichem Kot sind andere Ursachen zu prüfen (siehe S. 103).

Hunde, die im Erhaltungsstoffwechsel stehen, sollten ihr Normalgewicht konstant halten. Gewichtsabnahmen könnten durch eine ungenügende Futtermenge bzw. Futterverdaulichkeit, andererseits aber auch durch Krankheiten, Parasitenbefall usw. bedingt sein, während ein Übergewicht fast immer auf eine überhöhte Futterzuteilung hinweist. Erfahrene Hundehalter werden bereits geringe Gewichtsveränderungen registrieren. Besonders bei langhaarigen Hunden ist der Futterzustand weniger augenfällig.

Für Unerfahrene empfiehlt es sich, den Hund regelmäßig, z. B. ein Mal pro Monat, zu wiegen.

Kleine und mittlere Hunde können auf einer Personenwaage gewogen werden: vom Gesamtgewicht wird das Eigengewicht des Hundehalters abgezogen. Für größere Hunde sind spezielle Waagen notwendig, die in tierärztlichen Praxen zur Verfügung stehen.

Auch am Haut- und Haarkleid lässt sich die Qualität eines Futtermittels ablesen. Eine trockene und schuppige Haut und ein raues, glanzloses Fell sprechen, sofern keine Gesundheitsstörungen vorliegen, für eine ungeeignete Zusammensetzung des verwendeten Futtermittels (siehe S. 106).

Schließlich gibt auch das Verhalten des Hundes wichtige Hinweise auf die Futterqualität. Von einem richtig ernährten Hund wird man – in Abhängigkeit von den rassebedingten Variationen – allgemein Aufmerksamkeit, Teilnahme, Bewegungslust sowie typische emotionale Reaktionen erwarten. Abweichungen können unter anderem auch mit der Fütterung im Zusammenhang stehen.

Eigene Herstellung von Futterrationen

Viele Tierhalter möchten das Futter gern selbst zusammenstellen und zubereiten. Die richtige Rationsgestaltung erfordert grundlegende Kenntnisse über den Bedarf des Hundes an Energie und Nährstoffen und auch über die Futtermittel, ihre Zusammensetzung, ihre Zubereitung sowie spezielle Eigenschaften.

Nährstoffbedarf

Neben Energie und Eiweiß ist der Hund auf die tägliche Zufuhr von weiteren 25 Nährstoffen angewiesen. Die notwendigen Mengen pro Tag und pro kg Körpergewicht (KGW) können aus der folgenden Tabelle entnommen werden.

Mengenelemente

Kalzium und **Phosphor** sind vorrangig für die Stabilität des Skeletts verantwortlich. Kalzium ist in geringen Mengen auch für die Blutgerinnung, das Nervensystem und die Muskelkontraktion unentbehrlich. Phosphor wird zudem für zahlreiche Stoffwechselvorgänge benötigt. Bei ausgewachsenen Ausgewachsene Hunde sollten täglich etwa 80 mg Kalzium und 60 mg Phosphor pro kg Körpergewicht aufnehmen. Das gilt auch für ältere Tiere sowie unter belastenden Bedingungen, z. B. bei reduzierter Futteraufnahme oder bei Verdauungsproblemen.

Eine ungenügende Versorgung mit diesen Mengenelementen kann der Körper vorübergehend ausgleichen. Bei längerdauernder erheblicher Unterversorgung sind jedoch schwere Ausfallerscheinungen möglich, insbesondere am Skelett. Dann sind Lahmheiten, Lockerung der Zähne und Zahnausfall (Gummikiefer), Verbiegungen des Skeletts und Knochenbrüche zu erwarten. Diese Symptome werden allerdings nur noch selten. Sie werden dann beobachtet, wenn Hunde sehr kalziumarm mit Fleisch und Getreide ernährt werden. Viele Einzelfuttermittel für Hunde enthalten genügend Phosphor, aber nur wenig Kalzium (siehe Tab. S. 58 oben).

Ein Überschuss an Kalzium und/oder Phosphor im Futter kann sich ebenfalls ungünstig auf Skelettentwicklung und Gesundheit auswirken. Überhöhte Mengen eines Elementes sind dann besonders nachteilig, wenn das andere Element die Bedarfswerte unterschreitet. Das Verhältnis von Kalzium zu Phosphor in der Gesamtration sollte etwa 1,3 zu 1 betragen.

Ein Kalziumüberschuss vermindert die Verwertung von Phosphor, ebenso die von Magnesium und Zink. Ein Kalziumüberschuss kann also anderweitige Mangelerkrankungen auslösen.

Ein Überschuss an Phosphor (Kalzium/Phosphor-Verhältnis < 1) beeinträchtigt die Absorption von Kalzium, eventuell auch die von Magnesium,

Gehalte an Mengenelementen in verschiedenen Futtermitteln für Hunde (pro 100 g)

Futtermittel	Kalzium, mg	Phosphor, mg	Magnesium, mg	Natrium, mg
Fleisch, Rind	4	194	21	57
Leber	7	360	21	80
Pansen, geputzt	20	40	17	20
Magen, Schwein	20	115	30	90
Milch, Rind	115	95	10	40
Quark	70	190	10	35
Ei, gekocht	50	240	10	110
Maisflocken	15	60	14	915
Haferflocken	80	390	170	5
Reis, gekocht	6	120	13	6
Weizenbrot	60	90	25	385
Weizenkleie	160	1100	460	50
Kartoffeln, gekocht	10	60	20	1
Salat, frisch	30	20	10	9
Bäckerhefe, frisch	30	610	60	30

Empfehlungen zur Versorgung von Hunden mit Mineralstoffen, Spurenelementen und Vitaminen im Erhaltungsstoffwechsel

Mineralstoffe/Spurenelemente		je kg KGW	Vitamine		je kg KGW
Kalzium	mg	80	A	IE	75–100
Phosphor	mg	60	D	IE	10
Magnesium	mg	12	E	mg	1
Natrium	mg	50	B1	mg	0,04
Kalium	mg	55	B2	mg	0,09
Chlorid	mg	75	B6	mg	0,025
Eisen	mg	1,4	B12	µg	0,58
Kupfer	mg	0,1	Pantothensäure	mg	0,25
Zink	mg	1	Nikotinsäure	mg	0,25
Mangan	mg	0,07	Biotin	µg	2
Kobalt	µg	5–10	Folsäure	µg	4,5
Iod	µg	15			
Selen	µg	5			

Zink oder Eisen. Der Körper kann die Aufnahme von Phosphor nicht nach seinem Bedarf regulieren. Gelangen mit der Nahrung überhöhte Phosphormengen in den Organismus, dann müssen diese über die Niere wieder ausgeschieden werden. Deutlich erhöhte Aufnahmen an Phosphor verstärken das Risiko der Harnsteinbildung. Nach vorliegenden Beobachtungen sollten deshalb die in der Tabelle auf Seite 58 unten aufgeführten Bedarfswerte nicht um mehr als das 2-fache überschritten werden.

Magnesium verteilt sich im Körper zu etwa gleichen Teilen auf Weichgewebe und Skelett. Es ist für die Funktion zahlreicher Enzymsysteme im Stoffwechsel unentbehrlich. Eine akute Unterversorgung, die in der Praxis nur sehr selten vorkommt, kann zu Krämpfen, in chronischen Fällen zur Verkalkung von Herzklappen und größeren Gefäßen führen.

Eine Überversorgung mit Magnesium verursacht – bei schwerlöslichen Magnesiumverbindungen – Durchfall und beeinträchtigt die Verwertung von Kalzium und Phosphor. Nimmt die Magnesiumkonzentration im Harn zu und liegt gleichzeitig ein überhöhtes Protein- und Phosphorangebot vor, wird die Bildung von Harnsteinen begünstigt.

Natrium und **Chlorid** liegen vorwiegend im Blut und im Flüssigkeitsraum außerhalb der Zellen vor, wo sie unter anderem für die Regulation des Wasserbestandes wichtig sind.

Bei Durchfällen (besonders blutigen) und chronischem Erbrechen entstehen erhebliche Verluste, da der Natrium- bzw. Chloridgehalt im Magensaft sehr hoch ist (rund 1,5 bzw. 5 g/l). Er-

Kauknochen sorgen für lange Beschäftigung und schmecken.

höhte Abgaben über die Haut entstehen bei häufigem Baden. Eine längerdauernde extreme Unterversorgung mit Natrium führt zur Abnahme des Wasserbestandes im Körper. Dies ist verbunden mit trockener Haut, verringertem Blutvolumen, verstärkter Unruhe und Lecksucht sowie Schwierigkeiten beim Abschlucken der Nahrung. Die Tiere verlieren Gewicht, Herz- und Atemfrequenz steigen an. Darüber hinaus nimmt die Leistungsfähigkeit (schnelle Ermüdung infolge Kreislaufstörungen) und vermutlich auch die Empfindlichkeit der Geruchsorgane ab.

Der gesunde Hund ist gegenüber hohen Natriumgaben meist tolerant. Tägliche Mengen bis zu 1,5 g/kg Körpergewicht werden reaktionslos vertragen, sofern ausreichend Wasser angeboten wird. Unter praktischen Verhältnissen sind nur vereinzelt spontane, akute Salzvergiftungen beschrieben worden, z. B. nach Aufnahme von Pökellake, Meerwasser sowie gesalzenem Fleisch oder Fisch. Sie sind nur dann zu erwarten, wenn zusätzlich

Gehalte an Spurenelementen in verschiedenen Futtermitteln für Hunde (pro 100 g)				
Futtermittel	Eisen (mg)	Kupfer (mg)	Zink (mg)	Jod (µg)
Fleisch, Rind	3,5	0,2	3,0	3
Leber	22,0	3,0	6,0	1,5–6
Pansen, geputzt	1,8	0,6	1,4	
Magen, Schwein	2,8	0,1	1,8	(5–15)
Milch, Rind	0,05	0,02	0,5	5
Quark	0,5	0,01	0,5	4
Ei, gekocht	2,3	0,03	1,5	10
Maisflocken	2,0	0,2	0,3	10
Haferflocken	6,5	0,4	3,2	15
Reis, gekocht	0,2	0,02	0,4	0–2
Weizenbrot	3,8	0,2	0,8	6
Weizenkleie	15,0	1,3	7,6	50
Kartoffeln, gekocht	0,8	0,2	0,3	(3)
Salat, frisch	0,3	0,04	0,2	2
Bäckerhefe, frisch	5,0	1,6	2,6	1
Werte in Klammern = geschätzt				

kein salzfreies Wasser zur Verfügung steht.

Kalium liegt zu etwa 90 % in den Körperzellen vor. Es ist für die Regulierung des osmotischen Drucks in den Zellen, aber auch für die Aktivität zahlreicher Enzyme unentbehrlich. Der Organismus kann nur begrenzte Mengen an Kalium speichern; vorwiegend in Leber und Muskulatur. Überschüsse werden weitgehend über die Nieren eliminiert.

Eine Unterversorgung, die zu allgemeiner Schwäche, Durchblutungsstörungen und Blutdruckabfall führen kann, ist äußerst selten. Sie kann jedoch bei längerdauernder Anwendung von Medikamenten zur Entwässerung des Körpers ebenso wie bei einseitiger Fütterung von Weißmehl, Fett, Zucker oder starkem Wässern der Futtermittel möglich sein.

Spurenelemente

Eisen ist für die Bildung von roten Blutkörperchen sowie für zahlreiche Enzyme, die den Sauerstofftransport regulieren, unerlässlich. Vom Gesamteisen im Körper sind fast $2/3$ im roten Blutfarbstoff und etwa $1/10$ im roten Muskelfarbstoff festgelegt. Eisenmangelzustände sind beim ausge-

Auch kleine Rassen müssen bedarfsgerecht mit allen Nährstoffen versorgt werden.

wachsenen Hund selten. Nach einseitiger Verwendung fett- bzw. zuckerreicher Futtermittel sowie von Milch und Milchprodukten in Kombination mit poliertem Reis ist die Aufnahme an Eisen jedoch gering. Aufgrund der hohen Eisengehalte im Blut steigt der tägliche Eisenbedarf ausgewachsener Hunde (siehe Tabelle S. 58) vor allem nach größeren Blutverlusten (Ekto- und Endoparasitenbefall, Verletzungen, blutige Durchfälle) stark an und kann zu einer Unterversorgung führen. Bei langhaarigen Hunden erhöht sich der Eisenbedarf auch während

des Haarwechsels, da pigmentierte Haare viel Eisen enthalten.

Kupfer hat wichtige Funktionen bei der Blut- und Pigmentbildung sowie bei der Ausbildung des Grundgerüstes der Knochen. Langhaarige Hunde haben während des Haarwechsels erhöhten Bedarf an Kupfer. Überhöhte Futtergehalte an Eisen, Kalzium oder Zink können die Kupferabsorption beeinträchtigen, ebenso Verdauungsstörungen.

Eine Kupferunterversorgung, die allerdings selten ist, führt zu Veränderungen an Skelett, Haut und Haaren sowie zu Blutarmut und Störungen der Knochenentwicklung: Die dunkel pigmentierten Haare um Nase und Augen werden grau, es kommt zu O- und X-Beinigkeit sowie Durchtrittigkeit.

Liegt ein Kupferüberschuss in der Nahrung vor, wird Kupfer vermehrt in der Leber gespeichert. Bei gesunden Hunden entstehen dadurch kaum Organschädigungen. Eine solche Gefahr besteht jedoch bei Kupferspeicherkrankheit, die früher häufig bei Bedlington-Terriern vorlag, aber durch züchterische Maßnahmen effektiv bekämpft werden konnte.

Zink ist wichtig für über 300 Enzyme und somit für alle Stoffwechselprozesse. Alle Gewebe benötigen Zink, es ist auch essenziell für die normale Entwicklung der Hautzellen. Der Zinkbedarf ausgewachsener Hunde kann sich bei langhaarigen Hunden während des Haarwechsels erhöhen. Hohe Mengen an Kalzium, Kupfer, Weizenkleie oder Sojaschrot können die Zinkabsorption beeinträchtigen. Aufgrund der meist ausreichenden Zinkgehalte im Futter ist eine Unterversorgung beim ausgewachsenen Hund selten. Kennzeichnend für einen Zinkmangel sind Pigmentaufhellung, Haarverlust sowie borkige Auflagerungen um die Augen, an der Maulspalte und an den Gelenken. Genetisch bedingte Störungen des Zinkstoffwechsels, die durch Zinkfütterung nicht oder nur bedingt zu beeinflussen sind, sind bei Bullterriern und Huskies beschrieben.

Der Bedarf des Hundes an **Mangan** und **Kobalt** liegt relativ niedrig (siehe S. 58). Mangelerkrankungen sind nicht bekannt und auch nicht zu erwarten.

Die lebensnotwendige Funktion von **Jod** im tierischen Organismus wurde schon sehr früh im Zusammenhang mit der Kropfbildung erkannt. Jod ist Bestandteil der Schilddrüsenhormone. Der Jodbedarf ausgewachsener Hunde steht mit dem Energieumsatz in unmittelbarer Beziehung. Bei Hunden mit verstärkter Muskeltätigkeit ist daher mit einem höheren Bedarf (bis 25 µg/kg Körpergewicht) zu rechnen. Der erwünschte Jodgehalt wird in vielen Futtermitteln nicht erreicht. Insbesondere bei einseitiger Verwendung von Fleisch und Schlachtabfällen in Kombination mit hochgereinigten Getreideprodukten ist die Versorgung unzureichend. Durch längeres Kochen der Futtermittel können zusätzlich Jodverluste entstehen. Deshalb ist es nicht überraschend, dass in der Praxis gelegentlich Jodmangelfälle auftreten. Zur Sicherung der Jodversorgung sind jodarme Futtermittel mit jodiertem Salz (1 g jodiertes Salz enthält im Mittel etwa 70 µg Jod) oder jodhaltigen Mineralfuttern zu ergänzen.

Jodunterversorgung führt zu einer Vergrößerung der Schilddrüse, im weiteren Verlauf zu ungenügender Hormonbildung, allgemeinem Leistungsabfall, Teilnahmslosigkeit, Haarverlust, verbunden mit Fruchtbarkeits- und Wachstumsstörungen, Gewichtsabnahmen und Wassersucht.

Die Lebensnotwendigkeit von **Selen** ergibt sich aus seiner Bedeutung für den Zellstoffwechsel im Zusammenwirken mit Vitamin E. Selen versetzt den Körper in die Lage, Sauerstoffradikale, die bei verschiedenen Prozessen in großer Menge entstehen, abzubauen. Bei ausgewachsenen Hunden sind Ausfallerscheinungen bisher nicht beschrieben, im Hinblick auf volle Vitalität, insbesondere für die Infektionsabwehr, ist aber eine optimale Zufuhr sicherzustellen.

Fettlösliche Vitamine

Vitamin A ist an der Synthese von Stoffen beteiligt, die zum Aufbau, zur Abdeckung und Abdichtung der Hautoberfläche benötigt werden. Dies betrifft sowohl die äußere Haut als auch die Schleimhäute des Atmungs-, Verdauungs- sowie Harn- und Geschlechtsapparates. Bei einem Vitamin-A-Mangel trocknen die Schleimhäute aus und verhornen. Vitamin A ist zudem Bestandteil des Sehpurpurs und damit für das Sehvermögen von Bedeutung. Vitamin A kommt nur in Futtermitteln tierischer Herkunft, besonders in Leber, Eiern und Milch vor. Der Hund kann das in grünen Pflanzen und Möhren vorkommende β-Karotin aber in Vitamin A umwandeln. Der Vitamin-A-Bedarf des Hundes hängt von Alter (erhöht bei jungen und alten Tieren), Leistungen sowie speziellen Belastungen (Infektionen, Parasitenbefall) ab. Eine Unterversorgung begünstigt Infektionen, Haar- und Hautveränderungen, eventuell auch Seh- und Hörstörungen.

Überhöhte Vitamin-A-Gaben können Gesundheitsstörungen wie geringe Gewichtszunahmen, Übererregbarkeit, Abbau von Knochensubstanz und Frakturneigungen verursachen. Hunde sind zwar sehr gut in der Lage, mit überhöhter Zufuhr dieses fettlöslichen Vitamins umzugehen, langfristig sollten sie trotzdem nicht mehr als das 10fache des Bedarfs (siehe Tabelle S. 58) aufnehmen. Risiken bestehen vor allem beim unkontrollierten Einsatz vitaminierter Mineralfutter oder von Vitaminpräparaten (besonders bei Injektionslösungen) sowie bei einseitiger Leberfütterung.

Vitamin D fördert die Kalziumabsorption im Darm sowie den Ein- und Ausbau von Kalzium im Skelett. Für ausgewachsene Hunde ist es weniger wichtig als für wachsende Jungtiere, bei denen ein Mangel zu Störungen im Knochenwachstum führen kann (Rachitis).

Eine Überversorgung mit Vitamin D, die bei unvorsichtiger Verwendung entsprechender Präparate einschließlich Lebertran leicht möglich ist, kann zu überhöhten Kalzium- und Phosphorgehalten im Blut, Gefäßverkalkung, verstärktem Harnfluss und blutigen Durchfällen führen. Die Empfindlichkeit der Tiere ist vermutlich individuell und abhängig vom gleichzeitigen Kalzium-, Phosphor-und Magnesiumangebot. Die Vitamin-D-Zufuhr sollte selbst bei therapeutischen Maßnahmen das 5fache des Normalbedarfs (siehe Tabelle S. 58) nicht überschreiten.

Viele Tierhalter bereiten Futter selber zu.

Vitamin E, eigentlich eine Gruppe von Stoffen, die als Tokopherole bezeichnet werden, ist an der Zellatmung, an Entgiftungsprozessen sowie der Infektionsabwehr beteiligt. In Futtermitteln (Gehalte siehe Tabelle unten) ebenso wie im Organismus kann Vitamin E die Bildung von schädlichen Peroxiden verhindern. Der Vitamin-E-Bedarf des Hundes schwankt insbesondere in Abhängigkeit von der gleichzeitigen Aufnahme an ungesättigten Fettsäuren. Pro Gramm ungesättigter Fettsäuren sollten mindestens 0,6 mg Vitamin E im Futter enthalten sein.

Futtermittel tierischer Herkunft, insbesondere Milchnachprodukte und fettarme Schlachtabfälle, enthalten meist wenig Vitamin E. Unter praktischen Verhältnissen sind typische Vitamin-E-Mangelzustände wie Störungen in der Skelett- und Herzmuskulatur bisher selten beobachtet worden – vermutlich, weil sie zum Teil nicht erkannt werden. Die Vitamin-E-Versorgung kann insbesondere über Getreidekörner, Getreidenachprodukte und Getreidekeime, evtl. auch über Rückstände der Ölverarbeitung sowie Ergänzungspräparate gesichert werden. Gegenüber überhöhten Vitamin-E-Gaben ist der Hund tolerant.

Vitamin K ist für die Blutgerinnung notwendig. Ein Mangel verzögert die Blutgerinnung, in ausgeprägten Fällen

Gehalte an verschiedenen Vitaminen und Linolsäure in Futtermitteln (pro 100 g)

Futtermittel	A (IE)	Vitamin E (mg)	B1 (mg)	Nikotin- säure (mg)	Biotin (µg)	Linol- säure (g)
Fleisch, Rind	50	0,6	0,11[1]	5,1	3,0	0,2
Leber	12–40000	0,3	0,26	15	93	0,8
Magen, Schwein	30	1,0	0,07	1,6	7,0	0,1
Milch, Rind	100	0,1	0,03	0,1	4,0	1,0
Quark	45		0,04	0,1	6,4	+
Ei, gekocht	1200	1,0	0,10	0,1	20	1,2
Maisflocken	+	+	0,06	1,4		1,5
Haferflocken	+	3,2	0,60	1,0	20	3,0
Reis, gekocht			0,02	0,3		0,1
Weizenbrot		1,0	0,14	1,2	1,0	0,6
Weizenkleie	+[2]	2,0	0,65	20	44	2,3
Kartoffeln, gekocht			0,10	1,4		+
Salat, frisch	400[2]	0,5	0,04	0,3	0,7	+
Bäckerhefe, frisch		+	1,40	17	30	+

[1] Schwein: 0,85; [2] aus β-Karotin; Lücken: keine Werte bekannt; + Spuren

treten schwere Blutungen in den Geweben auf. Spontane Vitamin-K-Mangelzustände wurden bisher bei ausgewachsenen Hunden nicht beobachtet.

Hunde bilden Vitamin K im Darm. Eine ungenügende Versorgung mit Vitamin K tritt durch Vernichtung der Darmflora auf. Dies kann durch hohe Mengen Antibiotika und Sulfonamide oder bei Störungen des Galleflusses passieren, außerdem nach Aufnahme bestimmter Rattengifte, die Vitamin K inaktivieren.

Wasserlösliche Vitamine

Vitamin B1 spielt eine zentrale Rolle im Kohlenhydrat- und Energiestoffwechsel. Bei Hunden wurde ein Vitamin-B1-(Thiamin)-Mangel, der an die menschliche Beri-Beri erinnerte, schon früh beschrieben. Überhöhte Gaben werden rasch über Niere und Darm abgegeben.

Der Bedarf des Hundes an Vitamin B1 (siehe Tabelle S. 58) hängt von der Stoffwechselaktivität und der Zusammensetzung des Futters ab. In den meisten Untersuchungen erwies sich eine tägliche Zufuhr von 20 µg Vitamin B1/kg Körpergewicht – auch bei intensiver Bewegung oder hohem Stärkegehalt in der Ration – als ausreichend. Besonders reich an Vitamin B1 sind Hefe, Schweinefleisch, Mühlennachprodukte sowie der Magen-Darm-Inhalt von Pflanzenfressern.

Defizite und Erkrankungen (Fressunlust, Kotfressen, Sternguckerhaltung, Nachhandlähmungen, Krämpfe, verlangsamter Puls) können durch eine Mangelernährung entstehen. Neben einer einseitigen Verwendung Vitamin-B1-armer Futtermittel (polierter Reis, Weißmehle, Süßwaren, fettreiche Futtermittel) ist häufig die falsche Behandlung von Futtermitteln Ursache einer ungenügenden Versorgung. Durch Wässern bzw. Kochen und anschließendes Entfernen des Kochwassers geht Vitamin B1 in größeren Mengen verloren. Eine Zerstörung des Vitamins durch hohe Temperaturen ist nicht zu erwarten. Nach der Aufnahme von ungekochten Süßwasserfischen sowie Heringen sind ebenfalls B1-Mangelzustände möglich, da diese Fische Vitamin-B1-inaktivierende Substanzen enthalten, die jedoch durch Kochen zerstört werden können.

Das **Vitamin B2** (Riboflavin) ist Bestandteil von Enzymen im Atmungsstoffwechsel der Zelle. In den üblichen Futtermitteln liegen ausreichende Mengen vor. Besonders reich an Vitamin B2 sind Milch, Hefe, Leber, Lunge und Vormägen; ärmer dagegen Getreideflocken. Bei der Verarbeitung der Futtermittel können, vor allem durch Entwässern, Verluste entstehen. Unter praktischen Verhältnissen wurden bisher keine Vitamin-B2-Mangelzustände diagnostiziert.

Die **Vitamin-B6**-aktiven Stoffe, die unter dem Namen Vitamin B6 zusammengefasst werden, sind für den Stoffwechsel der Aminosäuren und Eiweiße unentbehrlich. Die meisten Futtermittel weisen ausreichende Mengen an Vitamin B6 auf, sodass Mangelerkrankungen nicht zu erwarten und auch in der Praxis nicht bekannt geworden sind.

Die Aufgaben von **Vitamin B12**, das in nahezu allen Körperzellen vorkommt, sind nur teilweise aufgeklärt. Mangelerscheinungen machen sich zunächst in Geweben mit rascher Zellteilung bemerkbar, z. B. in Knochenmarkszellen im Zusammenhang mit der Blutbildung. Spontane Mangelerscheinungen sind bisher nicht beobachtet worden.

Pantothensäure ist im intermediären Stoffwechsel von zentraler Bedeutung. Eine ungenügende Versorgung des Hundes mit Pantothensäure ist aufgrund der allgemein hohen Gehalte in Futtermitteln kaum zu erwarten; spontane Mangelsituationen wurden bisher nicht bekannt.

Die **Nikotinsäure** ist an Redoxvorgängen in der Zelle beteiligt, insbesondere bei der Wasserstoffübertragung. Nikotinsäure wird auf zweierlei Arten gebildet: Durch körpereigene Enzyme aus Eiweiß sowie im Darmkanal durch Bakterien. Von diesen Quellen hängt folglich der Bedarf ab.

Die notwendigen Gehalte werden bei den meisten Futtermitteln erreicht oder überschritten, insbesondere bei Fleisch, Schlachtabfällen, Hefe usw. In Getreidekörnern und Getreidenachprodukten sowie Ölsaaten liegt die Nikotinsäure in gebundener, schwer verwertbarer Form vor. Diese kann, sofern keine spezielle Behandlung erfolgt, nur zu einem geringen Teil genutzt werden. Die in Futtermitteln tierischer Herkunft und in Hefen enthaltene Nikotinsäure kann dagegen nahezu vollständig verwertet werden.

Aus der Praxis sind wiederholt Mangelerkrankungen bei einseitiger Verwendung von getreidereichen Rationen (vor allem Mais) ohne ausreichende Ergänzung durch tierische Produkte oder vitaminierte Beifuttermittel beschrieben worden. Sie sind charakterisiert durch Fressunlust und ent-

Bedarfsgerechte Vitaminzufuhr sorgt für ein schönes Fell

zündliche Veränderungen an der Haut, insbesondere an der Innenfläche der Oberlippe sowie der Rachen-, Zungen- und Darmschleimhaut. Wegen der auftretenden dunkelpurpurnen Zungenfarbe ist der Nikotinsäuremangel auch als „black tongue" bekannt.

Das Vitamin **Biotin** hat eine umfassende Bedeutung im Stoffwechsel: Es ist nötig zur Synthese von Keratin, der wichtigsten Grundsubstanz von Haaren, Krallen sowie der Hautepithelien. Die notwendigen Gehalte für Biotin werden bei den meisten Futtermitteln erreicht. Besonders reich an Biotin sind Hefe, Leber, Melasse und Milch. Das im Getreide vorkommende Biotin ist jedoch nur zu einem Teil für das Tier nutzbar. Bei verschiedenen Hauterkrankungen wurde ein Biotinmangel vermutet; durch Zulage dieses Vitamins kann eine Besserung erzielt werden.

Ein eindeutiger Biotinmangel ist bei Störungen der Darmflora möglich, z. B. nach langfristiger Verwendung von Sulfonamiden und Antibiotika oder nach Aufnahme größerer Mengen roher Eier, da im Eiklar ein Stoff (Avidin) vorkommt, der das Biotin bindet. Durch Kochen kann dieser Stoff inaktiviert werden. Biotinmangelzustände äußern sich durch glanzloses, trockenes und sprödes Haar, Ergrauen der Haare, Haarausfall, vermehrte Schuppenbildung, schließlich auch Hautentzündungen mit Verschorfung, Krustenbildung und erhöhten Juckreiz.

Folsäure ist vor allem im intermediären Stoffwechsel unentbehrlich. Da es im Darm synthetisiert wird, besteht bei ausgewachsenen Hunden mit normaler Darmfunktion nur ein geringer Bedarf. Reich an Folsäure sind neben grünen Pflanzen vor allem Hefe und Leber. Eine Unterversorgung mit Folsäure wurde unter praktischen Verhältnissen bisher nicht bekannt.

Ascorbinsäure (Vitamin C) wird für den Bindegewebsstoffwechsel, insbesondere die Kollagensynthese, benötigt. Bei einem Mangel sind neben Zahnfleischschwellungen und -blutungen Ausfallerscheinungen am Skelett charakteristisch. Im Gegensatz zum Menschen ist der Hund in der Lage, ausreichend Vitamin-C-Mengen im Organismus, insbesondere in der Leber, zu synthetisieren. Daher ist eine Zufuhr über das Futter im Allgemeinen nicht notwendig.

Ungesättigte Fettsäuren

Im Fett kommen Faktoren vor, die für die normale Entwicklung von Haut und Haaren unentbehrlich sind. Einige ungesättigte Fettsäuren (Linol- und α-Linolensäure) können vom Organismus nicht selbst gebildet werden und müssen mit der Nahrung aufgenommen werden.

Die notwendigen Gehalte werden in fettarmen Futtermitteln (z. B. bei Kombination von Rinderschlachtabfällen mit Reis) nicht erreicht. Reich an Linol- und Linolensäure sind viele pflanzliche Öle sowie Öle der Kaltwasserfische. Für einen Mangel, der nur bei langdauernder Unterversorgung zu erwarten ist, sind raues, trockenes Haarkleid, Hautverdickungen, Haarausfall, verstärkte Ohrschmalzbildung, erhöhte Infektionsneigung der Haut und geringe Wundheilung charakteristisch. Fischöle enthalten zudem Eicosapentaen- und Docosahexaensäure, die sehr langkettig und stark ungesättigt sind und die positive Effekte bei chronischen Entzündungszuständen und Hauterkrankungen haben.

Ballaststoffe

Der Hund benötigt auch schwerverdauliche Nahrungsstoffe, insbesondere zur Regulation der Futterpassage im Dickdarm. Unter Ballaststoffen sind die bis zum Ende des Dünndarms unverdaulichen Stoffe zusammenzufassen. Über die Rohfasergehalte in Futtermitteln gibt die Tabelle auf S. 117 ff. Auskunft. Der Mindestanteil an Rohfaser in der Gesamtration sollte bei Hunden im Erhaltungsstoffwechsel etwa 1,5 % der Futtertrockensubstanz betragen und 4 % nicht übersteigen, da dann die Verdaulichkeit des Futters insgesamt zurückgeht und die Kotmengen erheblich ansteigen. Wenn der Energiegehalt im Futter reduziert werden soll, kann ein deutlich höherer Rohfasergehalt sinnvoll sein.

Futtermittel zur Rationsgestaltung

Futtermittel können tierischer, pflanzlicher oder mineralischer Herkunft sein. Während früher in der Hundeernährung Futtermittel dominierten, die von Tieren stammten, gewinnen heute pflanzliche Produkte vermehrt an Bedeutung. Als wichtigstes Kriterium zur allgemeinen Einschätzung eines Futtermittels kann das Verhältnis von verdaulichem Rohprotein zu umsetzbarer Energie herangezogen werden (siehe auch S. 70). Detaillierte Angaben über die Nährstoffzusammensetzung der Futtermittel finden sich in den Tabellen am Schluss des Buches (siehe S. 117 ff.).

Futtermittel tierischer Herkunft

Futtermittel tierischer Herkunft zeichnen sich durch einen hohen Protein-, eventuell auch Fettgehalt aus. Kohlenhydrate kommen nur in geringeren Mengen vor (Glykogen in Leber und Muskulatur, Milchzucker in Milch und Milchprodukten), Rohfaser fehlt.

Die meisten dieser Futtermittel werden gut akzeptiert und verdaut. Eine Ausnahme bilden bindegewebsreiche Futterarten, keratinhaltige Materialien wie Haare, Haut, Federn, stark mineralisierte Knochen sowie Futtermittel mit Enzymhemmstoffen (Eiklar) oder enzymresistenten Komponenten (Milchzucker in der Milch).

Hygienische und tiergerechte Handhabung

Futtermittel tierischer Herkunft können Parasiten und Infektionserreger auf den Hund übertragen. Kochen und Erhitzen können das Risiko minimieren.

Unter den Parasitenzwischenformen haben die **Bandwurmfinnen** zweifellos die größte Bedeutung. Die Finne des geränderten Bandwurms findet sich als hasel- bis walnussgroße Blase vorwiegend am Netz bzw. Dickdarm, eventuell auch an den Vormägen des Rindes. Die Finnen des Hunde-

Aktive Hunde benötigen je nach Leistung mehr Futter.

Bandwurms, die als kirsch- bis apfelgroße Blasen vor allem in Lunge und Leber von Wiederkäuern und Schweinen vorkommen, sind nur bei scheibenförmiger Zerlegung dieser Organe sicher feststellbar.

Auch Infektionserreger aus der Gruppe der Einzeller finden sich gelegentlich auf Futtermitteln. So können **Toxoplasmen** in Abfällen von Schweinen und Wildtieren sowie die für Hunde unschädlichen **Sarkosporidien** in Geweben von Schafen und Ziegen vorkommen.

Unter den schädlichen Bakterien sind **Salmonellen** auf rohen Innereien sowie in Tier- oder Fischmehl nicht selten, in Eiern dagegen eher die Ausnahme. Ob es nach Aufnahme von befallenem Material zu Krankheitserscheinungen kommt, hängt von der Salmonellenart, der Menge der aufgenommenen Bakterien sowie der Widerstandskraft des betreffenden Hundes ab. Andere schädliche Bakterien könnten allenfalls auf Produkten vorkommen, die nicht unter optimalen Bedingungen gewonnen oder nicht erhitzt wurden. Wenn Hunde „roh" gefüttert werden („BARF" siehe S. 89)

sind besondere Vorsichtsregeln einzuhalten.

Unter den Virusarten hat der Erreger der **Pseudowut** (Aujeszkysche Krankheit) Bedeutung, da sich der Hund bei der Aufnahme von kontaminiertem Fleisch oder Schlachtabfällen infizieren kann und diese Krankheit stets tödlich verläuft. Da befallene Rinder akut erkranken und schnell ausgemerzt werden, ist das Infektionsrisiko bei Rinderprodukten relativ gering. Das Virus ist in deutschen Schweinebeständen nicht mehr verbreitet, die Situation bei Wildschweinen und importierten Futtermitteln ist jedoch nach wie vor kritisch.

Die **BSE**-Erreger (*Bovine Spongiforme Enzephalopathie*; Rinderwahnsinn) kann bei üblichen Kochtemperaturen offenbar nicht inaktiviert werden. Hunde sind aber nicht empfänglich. Zudem ist es durch die Bekämpfungsmaßnahmen gelungen, das Problem aus den Rinderbeständen zu eliminieren.

Neben den Erregern selbst kommen gelegentlich auch **Gifte** vor, die sich in verdorbenen Futtermitteln gebildet haben. Gefährlich ist die Anreicherung mit dem Toxin des Bakteriums *Clostridium botulinum*, das schwere Lähmungen verursachen kann.

Die Schlachtabfälle sollten soweit zerkleinert werden, dass sie den Schlund ohne Schwierigkeiten passieren können. Werden zu große Brocken gefüttert, besteht – ebenso wie bei Obst oder rohen Kartoffeln – das Risiko, dass hastig abgeschluckte, zu große Stücke die Speiseröhre verstop-

fen oder wieder erbrochen werden. Mit häufigen vergeblichen Schluckversuchen wird eventuell auch Luft aufgenommen (Gefahr der Magenblähung). Zudem wird gut zerkleinertes Material lieber als grobes gefressen.

Wasserreiche Futtermittel sind nur begrenzt haltbar und müssen daher konserviert sowie anschließend sachgerecht gelagert werden. Frische Schlachtabfälle lassen sich im Kühl-

Verhältnis von verdaulichem Rohprotein zu umsetzbarer Energie in verschiedenen Futtermitteln tierischer Herkunft	
Futtermittel	**vRp/ME (g/MJ)**
Bauchfleisch, Schwein	6
Brustfleisch, Schaf	7
Kotelett, Schwein	10
im Erhaltungsstoffwechsel gewünscht	**10**
Vollmilch, Rind	11
Schulterfleisch, Schaf	12
Keule, Schwein	13
Kopffleisch, Rind	13
Eisbein, Schwein	14
Hühnerei	16
Keule, Schaf	17
Magen, Schwein	18
Lunge, Schwein	27
Kaninchenfleisch	29
Pansen, grün	33
Pferdefleisch, fettarm	33
Niere, Schwein	34
Leber, Rind	35
Rindfleisch, fettarm	37
Brustfleisch, Huhn	46

schrank bei 0 bis 5 °C für einige Tage aufbewahren. Längere Lagerung von frischen Schlachtabfällen ist allein durch Tiefgefrieren unter -15 °C möglich.

Fleisch

Fleisch (Muskulatur) und seine Verarbeitungsprodukte (Mett) enthalten im wesentlichen Protein und Fett. Magere Fleischarten liefern Pferd, Geflügel und Kaninchen. Je nach Fettgehalt kann der Energiegehalt zwischen 0,5 und 2 MJ/100 g Frischsubstanz schwanken, womit 6 bis 46 g verdauliches Rohprotein auf 1 MJ umsetzbare Energie (siehe Tabelle S. 70) entfallen. Bei einseitiger Fütterung von fettarmem Fleisch besteht eine Eiweißüber-, bei sehr fettreichen Produkten eher eine -unterversorgung.

Kalzium und Natrium sind nur in geringen Mengen, Phosphor in relativ hohen Gehalten im Muskelfleisch vorhanden (sehr enges Ca/P-Verhältnis). Unter den Spurenelementen verdienen die niedrigen Gehalte an Jod, Kupfer und Mangan Beachtung. Wasserlösliche Vitamine sind in der Regel ausreichend vertreten. Besonders reich an Vitamin B1 ist Schweinefleisch. Vitamin A und D kommen nur in Spuren vor, während der Vitamin-E-Gehalt in Abhängigkeit vom Fettgehalt variiert.

Die Verdaulichkeit von frischem Fleisch erreicht durchschnittlich 98 %. Sie liegt damit sehr hoch. Fleisch ist als alleiniges Futtermittel für Hunde keineswegs geeignet, da neben wichtigen Mineralien und Vitaminen auch strukturierte, schwerverdauliche Komponenten fehlen, die für ausreichende Darmbewegungen sorgen. Einseitige

Fleischfütterung führt über kurz oder lang zu Skeletterkrankungen und Verdauungsstörungen, die durch Fehlgärungen im Dickdarm einen schmierigen, übelriechenden Kot zur Folge haben.

Wurstwaren

Wurstwaren aus dem Lebensmittelbereich haben einen hohen Fett-, aber geringen Mineralstoff- und Vitamingehalt. Eine Verfütterung größerer Mengen ist daher für die Tiergesundheit nicht zuträglich. Der Hund darf keine Wursthüllen aus Kunststoff und auch nicht die zum Abbinden der Wursten den verwendeten Metallklammern schlucken.

Leber und Niere

Leber und Niere enthalten etwa 15 bis 20 % hochwertiges Protein und 5 % Fett, die Leber (je nach Herkunft) auch 3 bis 4 % schwer verdauliche tierische Stärke (Glykogen). Während beide Organe geringe Kalziumgehalte aufweisen, enthält die Leber hohe Mengen an Eisen, Kupfer und Zink sowie Vitamin A, Vitamin B2, B12 und Nikotinsäure. In der Niere sind die Vitamingehalte niedriger, teilweise aber noch beachtlich.

Die Verdaulichkeit von Leber und Niere ist hoch. Bei überhöhter Aufnahme wirkt Leber abführend. Eine überhöhte, einseitige Verfütterung dieser Organe ist unzweckmäßig, da sie zu wenige Ballaststoffe enthalten. Regelmäßige Fütterung von Leber in größeren Mengen ist zudem gefährlich, da es zu einer Überversorgung mit Vitamin A, gegebenenfalls auch mit Kupfer kommen kann. Risiken durch Schadstoffrückstände bestehen dagegen generell nicht.

Schlachtabfälle

Neben- und Abfallprodukte von Schlachttieren sind in der Hundefütterung weit verbreitet, vor allem Vormägen der Wiederkäuer und Schweinemägen, aber auch Euter und Lunge.

Die **Vormägen** der Wiederkäuer (Pansen, Haube, Blättermagen) kommen meist gereinigt (frisch oder getrocknet) in den Handel. Der Inhalt ungereinigter Vormägen ("grüner" Pansen) wird von den meisten Hunden gern gefressen. Abgesehen von ihrem intensiven Geruch ist zu beachten, dass häufig Sand, Steine oder Metallstücke im Vormageninhalt vorkommen, was besonders für unerfahrene Hunde risikoreich ist.

Vormägen zählen zu den eiweißreichen Futtermitteln. Die Gehalte an Mineralstoffen, Spurenelementen und fettlöslichen Vitaminen sind unausgeglichen. Der Anteil an wasserlöslichen Vitaminen hängt vom Reinigungsgrad ab. Je mehr Futterreste im Pansen und insbesondere im Blättermagen verbleiben, desto höher ist der Gehalt an wasserlöslichen Vitaminen. Die Verdaulichkeit erreicht 90 bis 95 %. Eine einseitige Verfütterung ist nicht zweckmäßig, wenngleich die Nachteile geringer sind als bei ausschließlicher Fleischfütterung.

> Teilweise werden Schlachtabfälle tiefgefroren gehandelt; eventuell im Ausgangsmaterial enthaltene Bakterien oder Viren werden dadurch nicht abgetötet.

Schweinemägen werden in der Regel gern gefressen. Sie weisen je nach Trockensubstanzgehalt neben 15 % Protein bis zu 15 % Fett auf, sodass sie energiereicher sind als die Vormägen. Mineralstoff- und Vitamingehalte sind ähnlich wie in den Vormägen.

Andere Schlachtabfälle (Milz, Euter, Ohren, Sehnen, Bänder, Ochsenziemer) sind bindegewebsreich. Sie können – obwohl gut verdaulich – bei einseitiger Fütterung zu Flatulenz sowie weichem bis flüssigem, dunklem bis schwarzem Kot führen.

Därme besitzen je nach anhaftendem Fett einen unterschiedlichen Nährstoffgehalt. Vor der Verfütterung sind sie zu zerkleinern und zu kochen, um ihre Aufnahme und Verdaulichkeit zu verbessern.

Lunge und Geschlinge: Die Zusammensetzung richtet sich nach Tierart und Schlachtbedingungen. Häufig wird die Lunge gemeinsam mit Schlund und anhaftendem Fett (Geschlinge) abgegeben. Dann ist ein relativ hoher Fett- und Energiegehalt zu erwarten, während reine Lunge nur wenig Fett aufweist. Bezüglich der Mineralstoff-, Spurenelement- und Vitamingehalte bestehen ähnliche Verhältnisse wie beim Fleisch, allerdings ist die Akzeptanz geringer. Die Verdaulichkeit erreicht 95 % und wird durch Kochen gering erhöht, ebenso wie die Verträglichkeit (festere Kotkonsistenz). Vor dem Verfüttern muss die Luftröhre längs aufgeschnitten werden, da sich einzelne Knorpelringe der Luftröhre leicht über die Zunge schieben können. Reste der Schilddrüse sollten entfernt werden, da diese möglicherweise zu Störungen beim Hund führen. Die

Milz ist wie Lunge zu behandeln und einzusetzen.

Euter weist eine ähnliche Zusammensetzung auf wie die vorgenannten Schlachtabfälle, abgesehen von erheblichen Variationen im Fettgehalt. Infolge eines Restmilchgehaltes liegen die Kalziumgehalte höher als in den übrigen Schlachtabfällen. Akzeptanz und Verdaulichkeit sind ähnlich wie bei den vorgenannten Produkten.

Schweine- und Rinderohren (getrocknet) sollten nur in begrenzten Mengen (10 bis 20 % der Tagesportion) verfüttert werden.

Sehnen und Bänder bestehen aus Protein und Fett. Das Protein wird ähnlich gut wie Muskulatur verdaut. Bei übermäßiger Fütterung können Verdauungsstörungen eintreten.

Grieben (Nebenerzeugis der Talg- und Fettgewinnung aus tierischen Produkten) bestehen überwiegend aus Bindegewebseiweiß, sodass sie ähnlich wie Sehnen und Bänder einzusetzen sind. Werden sie überhitzt, verringert sich die Verdaulichkeit.

Frisches **Blut** wird selten verfüttert. Es weist nur eine geringe Akzeptanz auf und muss durch Kochen vor dem Verderb geschützt werden. Die Behauptung, dass frisches Blut die Schärfe des Hundes steigere, ist unwahrscheinlich und bisher nicht erwiesen.

Eine ausgewogene Eiweißversorgung ist für Haut und Fell wichtig.

Knochen

Frische Knochen weisen neben Fett und Protein größere Mengen an Kalzium, Phosphor und Magnesium auf, sodass sie eine wertvolle Mineralstoffergänzung darstellen. Der Energiegehalt in Knochen variiert in Abhängigkeit von der Fettmenge, die je nach Tierart, Ausmästungsgrad und Alter der Schlachttiere schwankt. Die Verdaulichkeit der organischen Substanz ist aufgrund des Kollagengehalts mäßig, die enthaltenen Mineralien können jedoch zur Deckung des Mineralstoffbedarfs dienen.

Stark splitternde Knochen – z. B. von Wild – sind ungeeignet, da sie zu Schäden an Schlund oder Magen führen können. Zwischenfälle durch Geflügelknochen werden kaum noch beobachtet, da heutzutage fast ausschließlich junges Geflügel, dessen Knochen noch nicht verhärtet sind, geschlachtet wird. Bei Verfütterung sehr harter Knochen besteht auch ein geringes Risiko für Zahnfrakturen oder Absplitterung von Zahnteilen. Überhöhte Knochenfütterung begünstigt Knochenkotbildung mit Verstopfung.

Knochen können bei richtiger Auswahl und Dosierung zur Mineralstoffergänzung der Gesamtration genützt werden. Für diesen Zweck sind Knochen jüngerer Tiere (Kälber, Mastschweine) oder die weniger festen Rippen- und Brustbeinkochen geeignet. Knochen müssen vor dem Verfüttern abgekocht werden. Um den Kalzium- und Phosphorbedarf von Hunden im Erhaltungsstoffwechsel abzudecken, reicht etwa 1 g Frischknochen pro kg Körpergewicht und Tag aus. Zum Training des Gebisses und zur Erhaltung der Zahngesundheit sind härtere Knochen geeignet.

Tiermehle und Geflügelmehle

Unter den Tiermehlen ist zwischen Einzelprodukten, die aus isolierten Geweben und Organen hergestellt werden (wie Fleisch-, Blut-, Leber-, Federmehl, Knochenschrot) sowie Gemischen aus den Gesamtabfällen (Tiermehl bzw. Geflügelmehl) zu unterscheiden. Diese Verarbeitungsprodukte aus Schlachtabfällen kommen nur nach ausreichender Erhitzung in den Handel. Die entsprechenden Prozesse sind EU-weit einheitlich geregelt und verhindern, dass Krankheitserreger über diese Produkte verbreitet werden. Aufgrund von Rekontamination bei der Lagerung oder auch bei Transporten ist es allerdings möglich, dass Salmonellen nach dem Herstellungsprozess in diesen Produkten enthalten sind.

Die Nährstoffgehalte von Fleisch-, Blut-, Leber-und Knochenmehl liegen infolge des Wasserentzugs höher als in den frischen Produkten. Durch den Trocknungsprozess leidet aber meist die Verdaulichkeit.

Federn, Haare, Borsten und Hornreste bestehen überwiegend aus schwerverdaulichem Keratin. Aufgrund der geringen Verdaulichkeit und mäßigen Akzeptanz sind sie nur in begrenztem Umfang in Futterrationen zu verwenden.

Tiermehl ist ein Gemisch aus verschiedenen Schlachtabfällen, die nach Erhitzen und Zerkleinern getrocknet werden. Die wesentlichste Komponente stellt das Protein (40 bis 60 %). Seine Qualität und Verdaulichkeit schwanken je nach Ausgangsmaterial und Herstellungsverfahren. Je höher der Muskelanteil ist, desto günstiger ist das Produkt zu bewerten. Der Fettanteil wird in der Regel auf maximal 11 % eingestellt. Erhöhte Aschegehalte sind nur von Vorteil bei Kombination mit mineralstoffarmen Futtermitteln (Getreideschrote, Brot, Kartoffeln).

Fische und Fischprodukte

Die Akzeptanz frischer Fische ist im Allgemeinen gut, die Nährstoffzufuhr ausgeglichen, wenn die Fische insgesamt (einschließlich Skelett und Organen) aufgenommen werden. Die im Fisch enthaltenen Gräten sind kein besonderes Risiko, sofern es sich nicht um große und stark mineralisierte, wenig elastische Skelettanteile handelt.

Frische Fische sind stets zu kochen, um die zum Teil vorkommenden hitzeempfindlichen Vitaminblocker (insbesondere in Süßwasserfischen) und

So sollte es nicht sein!

mögliche schädliche Parasitenzwischenformen oder Bakterien zu inaktivieren. Im Handel werden auch Trockenfische angeboten. Trotz relativ günstiger Futtereigenschaften sollten Fischprodukte nur in begrenzten Mengen eingesetzt werden, da der Hund sonst schnell »nach Fisch« riecht. Fischmehl wird in gewissem Umfang auch in der Herstellung von Heimtiernahrung eingesetzt. Es enthält neben hochwertigen Proteinen höhere Anteile mehrfach gesättigter Fettsäuren sowie je nach Grätenanteil Mineralien und insbesondere das Spurenelement Jod.

Vorsicht: Fischköpfe können Angelhaken enthalten, deren Aufnahme zu schweren Komplikationen führt.

Milch und Milchprodukte

Kuhmilch ist ein wertvolles, hochverdauliches Nahrungs- und Futtermittel, kann aber in der Hundefütterung nur begrenzt verwendet werden. **Vollmilch** weist neben Fett, Eiweiß und Milchzucker relativ hohe Gehalte an Mengenelementen und ein weites Spektrum aller Vitamine auf, sie ist jedoch arm an Spurenelementen. Begrenzend für den Einsatz von Milch ist der relativ hohe Milchzuckergehalt (rund 40 % der Trockensubstanz). Milchzucker kann von ausgewachsenen Hunden schlecht verwertet werden und führt oft zu Verdauungsstörungen. Die Toleranz für Milchzucker variiert zwischen Hunden jedoch erheblich. Generell sollte bei ausgewachsenen Hunden die pro Tag verabreichte Milchmenge auf 20 ml/kg

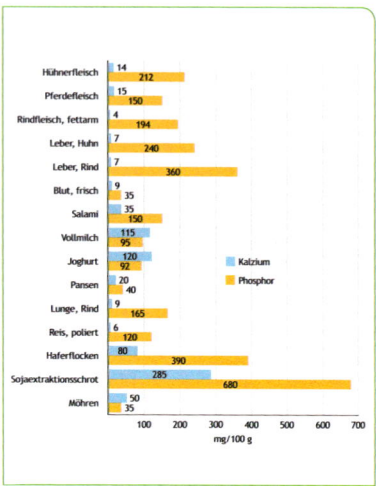

Gehalte an Kalzium und Phosphor

Körpergewicht begrenzt und nur nach Feststellung einer höheren Verträglichkeit bei Einzeltieren großzügiger bemessen werden. Milch kann gut zum Einweichen von Trockenfuttern verwendet werden.

Magermilch ist ähnlich wie Vollmilch zu beurteilen, der geringere Energiegehalt infolge des Fettentzuges und der Verlust an fettlöslichen Vitaminen sind jedoch zu berücksichtigen. Hunde nehmen auch gerne gesäuerte Milchprodukte wie **Dickmilch** oder **Joghurt** auf. Die Verträglichkeit der Sauermilch ist im Allgemeinen besser als die von Vollmilch, da ein Teil des Milchzuckers in Milchsäure überführt wurde. Nach vorliegenden Erfahrungen werden bis zu 40 ml Sauermilch pro kg Körpergewicht/Tag in Kombination mit kohlenhydratreichen Futtermitteln von den meisten Hunden vertragen. Joghurt ist ein durch

Milchsäurebakterien fermentiertes Produkt. Die Verträglichkeit ist im Allgemeinen hoch, da der Laktosegehalt gegenüber sonstigen Milchprodukten stark reduziert ist.

Von den übrigen Milcherzeugnissen werden **Quark** und **Käse** verfüttert. Die Fettgehalte (Mager-, Fettquark bzw. Mager- und Fettkäse) sind wechselnd. Entsprechend variiert der Energiewert. Sie enthalten wenig Milchzucker, sodass sie je nach Eiweißbedarf in größeren Mengen verwendet werden können. **Frischkäse** (Hüttenkäse) ist ein für die Ernährung von Hunden gut einsetzbares und hochwertiges Futtermittel. Es ist relativ proteinreich, der Fettgehalt variiert produktabhängig.

Hühnereier

Eier und Eiprodukte werden nur selten in größeren Mengen in der Hundefütterung eingesetzt. Die Eitrockenmasse besteht zu gut 50 % aus Protein und zu fast 50 % aus Fetten, sodass auf 1 MJ umsetzbare Energie etwa 16 g verdauliches Rohprotein kommen. Eier enthalten große Mengen ungesättigter Fettsäuren. **Eiklar** von Hühnern, aber auch von Enten enthält einen Hemmstoff (Trypsinhemmstoff), der die Verdauung des Eiweißes beeinträchtigt. Nach Fütterung größerer Mengen von rohem Eiklar stellen sich daher Verdauungsstörungen ein. Der Hemmstoff wird durch Kochen weitgehend inaktiviert, ähnlich wie ein im Eiklar enthaltenes Protein (Avidin), das Biotin zu binden vermag und dessen Absorption verhindert. Eier sollten daher – auch im Hinblick auf das Risiko einer Salmonellen-Infektion – nur gekocht verfüttert werden.

Die im **Eidotter** enthaltenen hohen Mengen an ungesättigten Fettsäuren können den Glanz des Haarkleides verbessern. Während im Ei kaum Mengenelemente vorliegen, ist der Gehalt an Spurenelementen und Vitaminen relativ hoch. Getrocknete und zerkleinerte **Eischalen** sind zur Mineralstoffergänzung recht gut geeignet, da sie zu etwa einem Drittel aus Kalzium bestehen.

Gekochte Eier sind problemlos auch in größeren Mengen einzusetzen. Sie haben sich insbesondere zur Fütterung von Hunden mit reduzierter Fresslust, zur Aufwertung von Rationen mit minderwertiger Eiweißqualität sowie zum Konditionsaufbau nach Erkrankungen bewährt.

Futtermittel pflanzlicher Herkunft

Futtermittel pflanzlicher Herkunft gewinnen in der Ernährung des Hundes zunehmend an Bedeutung. Während bisher vor allem stärkereiche Futtermittel als Energielieferanten dienten, werden heute in zunehmendem Maße auch proteinreiche pflanzliche Produkte genutzt. Im Vergleich zu Futtermitteln tierischer Herkunft besitzen sie aufgrund mehr oder weniger großer Anteile an schwerverdaulichen Faserstoffen eine geringere Verdaulichkeit und werden meistens weniger gern gefressen.

Futtermittel pflanzlicher Herkunft sind selten mit Bakterien kontaminiert. Sie müssen in der Regel zerkleinert und gekocht werden, um die Aufnahme zu verbessern und insbesondere die Verdaulichkeit zu erhöhen. Pflanzliche Stärke wird durch Kochen oder feuchte Wärme für die Verdauungsenzyme besser angreifbar. Im Haushalt lässt sich dieses Ziel durch Übergießen mit heißem Wasser oder leichtes Erwärmen erreichen.

Getreidekörner und Verarbeitungsprodukte

Getreidekörner sind aufgrund ihres hohen Gehaltes an Stärke vor allem Energielieferanten. Der Gehalt an Rohprotein ist relativ gering (etwa 10 %), sodass auf 1 MJ umsetzbare Energie nur 6 g verdauliches Rohprotein entfallen. Die Mineralstoffausstattung des Getreidekorns ist unausgewogen: mittlere Phosphormengen und niedrige Gehalte an Kalzium und Natrium (siehe S. 119 f.). Von den fettlöslichen Vitaminen ist nur Vitamin E in der Keimanlage in größeren Konzentrationen vorhanden. Relativ günstig sind dagegen die Gehalte an wasserlöslichen Vitaminen (außer Vitamin B12, das in allen pflanzlichen Produkten fehlt). Diese kommen vor allem in den äußeren Schichten des Getreidekorns vor. Deshalb fehlen sie in Verarbeitungsprodukten (Weißmehle).

Die Verdaulichkeit zerkleinerter Gesamtkörner liegt um 95 %, bei rohfaserreichen Körnern wie Hafer oder Gerste tiefer. Von den Getreidekörnern werden in erster Linie Mais, Weizen, Gerste, Reis und Hafer verwendet, seltener Roggen und Hirse.

Getreideschrote sind zerkleinerte Getreidekörner, die dieselbe Zusammensetzung wie das Ausgangsmaterial aufweisen. Für **Getreideflocken** werden die Mais- und Weizenkörner insgesamt verwertet. Auch bei ihnen bleibt also der Nährstoffgehalt gegenüber dem Ausgangsmaterial unverändert.

Zur Herstellung von **Haferflocken** oder **Grieß** bzw. Graupen aus Gerste müssen Spelzen, zum Teil auch Frucht- und Samenschalen entfernt werden, weshalb diese Produkte gegenüber dem Ausgangsmaterial weniger Rohfaser enthalten. Durch die bei der Flockenherstellung gleichzeitig einwirkende Wärme und den Druck der Walzen wird die Verdaulichkeit der enthaltenen Stärke verbessert. Unter den Getreideflocken weisen die Haferflocken den höchsten Gehalt an Fett und ungesättigten Fettsäuren auf, sodass sie schon aus diesem Grunde eine weite Verbreitung in der Hundefütterung gefunden haben. In **Maisflocken** liegt der Fettanteil tiefer als in Haferflocken, aber höher als bei anderen Getreideflockenarten.

Reis hat vermutlich wegen seiner leichten Handhabung nach dem Kochen (keine Verkleisterung) und seiner guten Akzeptanz in der Hundefütterung weite Verbreitung gefunden. Reis ist ähnlich wie die anderen Getreidearten vor allem ein energielieferndes Futtermittel mit wenig Eiweiß und Mineralien. Durch das Entspelzen und Polieren gehen wertvolle Komponenten wie wasserlösliche Vitamine, Gerüststoffe und Fett verloren. Aus diesem Grunde ist ungeschälter Reis dem polierten vorzuziehen.

Getreidemehle bestehen im Wesentlichen aus dem Mehlkörper des Getreidekorns und – je nach Ausmahlungsgrad – Anteilen der Frucht- und Samenschale. Die im Vollkorn in den äußeren Schichten gelegenen wasserlöslichen Vitamine, Mineralien, Eiweiße und Gerüststoffe sind in Getreidemehlen nur zu einem Teil vertreten. Durch Abtrennen der Keimanlage vor der Vermahlung wird auch Vitamin E entfernt. Der Nährstoffgehalt der Getreidemehle ist daher einseitiger als im Getreidekorn.

Brot besteht aus Getreidemehlen unterschiedlichen Ausmahlungsgrades, die mit Hefe oder Sauerteig und Salz versetzt werden und deren Stärke durch Backen aufgeschlossen wird. Vollkornbrote besitzen einen höheren Anteil an Gerüststoffen, Ascheanteilen und Vitaminen. Der Nährstoffgehalt von Brot ist ähnlich wie bei Getreidemehlen oder Nudeln, d. h. es handelt sich um eiweißarme Produkte. Die Verdaulichkeit der organischen Substanz erreicht etwa 75 %, die des Rohproteins nur etwa 70 %. Brot oder Nudeln bedürfen in jeder Beziehung einer Ergänzung. Nach Verfütterung von frischem Brot besteht das Risiko von Fehlgärungen; abgelagertes Brot ist daher vorzuziehen.

Weizenkeime stellen eine gute Quelle für Vitamin E und wasserlösliche Vitamine dar. Wegen des gleichzeitig hohen Gehalts an ungesättigten Fettsäuren, der ernährungsphysiologisch günstig zu bewerten ist, sind sie jedoch nicht gut lagerfähig (Risiko des Ranzigwerdens).

Weizenkleie mit einem Gehalt von 10 bis 12 % Rohfaser lässt sich wegen ihrer mäßigen Verdaulichkeit (etwa 65 %) und Akzeptanz nur in begrenztem Maß in der Hundefütterung einsetzen. Da die unverdaulichen Gerüststoffe der

Kleie Wasser binden, den Füllungsdruck im Dickdarm erhöhen und dessen Muskeltätigkeit anregen, kann Kleie zur Regulierung der Darmtätigkeit – besonders in Kombination mit hochverdaulichen Stoffen wie Schlachtabfällen oder Getreidemehlen – mit gutem Erfolg verwendet werden. Der Kleieanteil sollte dann etwa 5 bis 10 % der Futtertrockensubstanz betragen.

Mais- und Weizenkleber sind eiweißreiche Produkte (rund 60 bis 70 % Rohprotein) von hoher Verdaulichkeit (etwa 90 %), die in Futtermischungen für Hunde in begrenztem Umfang – 10 bis 20 % der Ration – genutzt werden. Sie werden aus den Ausgangsmaterialien als Nebenprodukt der Stärkegewinnung gewonnen. Das Aminosäurenspektrum ist nicht vollwertig, es müssen in der Ration essenzielle Aminosäuren ergänzt werden.

Erbsen, Bohnen, Leinsamen

Es handelt sich um eiweißreiche und teilweise auch fettreiche Produkte. Die Mineralstoff- und Vitaminausstattung von **Erbsen** und **Gartenbohnen** ist ähnlich unausgeglichen wie im Getreidekorn. Der Rohproteingehalt, aber auch der Rohfasergehalt liegt merklich höher. Die stickstofffreien Extraktstoffe (rund 60 %) enthalten zum Teil schwerverdauliche Kohlenhydrate. Das Protein ist zu 75 bis 85 % verdaulich. Die Rohfaser der Hülsenfrüchte zeichnet sich durch einen geringen Ligningehalt aus, sodass ein relativ hoher Anteil im Dickdarm unter Beteiligung der Darmbakterien verdaut werden kann. Nach Fütterung größerer Mengen werden verstärkt Blähungen beobachtet. Erbsen und Bohnen müssen vor

Richtige Ernährung und Bewegung sichern die Tiergesundheit.

der Verfütterung zur Verbesserung der Verdaulichkeit, aber auch zur Vernichtung des in Gartenbohnen enthaltenen Giftstoffes Phasin, gekocht werden. Sie lassen sich dann je nach Zusammensetzung der Gesamtration in Mengen bis zu 10 % verwenden. Die Akzeptanz von Leguminosen ist mäßig, nicht alle Hunde nehmen entsprechende Futtermischungen gern auf.

Sojabohnen weisen ähnliche Eigenschaften wie Erbsen und Bohnen auf. Entscheidend sind jedoch der hohe Fettanteil (etwa 20 %) und die wesentlich höhere Eiweißqualität gegenüber anderen Leguminosenkör-

Nicht jeder Hund verträgt Hülsenfrüchte.

nern. Sojaflocken sind energie- und eiweißreich. Nach einseitiger Verwendung ist aber mit vermehrtem Auftreten von Blähungen zu rechnen.

Leinsamen sind eiweiß- und fettreich. Das Fett weist einen hohen Anteil an Linolensäure auf, die sich positiv auf den Glanz des Haarkleides auswirkt. Leinsamen enthalten jedoch ein blausäurehaltiges Gift, sodass sie vor der Verfütterung eingeweicht und anschließend etwa 5 Minuten lang aufgekocht werden müssen.

Pflanzliche Eiweißextrakte

Pflanzliche Eiweißextrakte entstehen bei der Produktion pflanzlicher Öle. Bei der Gewinnung von Ölen und Fetten aus fettreichen Samen fallen proteinreiche Rückstände an, von denen **Sojaprodukte** in den letzten Jahren die größte Bedeutung erlangt haben. Sie sind als Sojaextraktionsschrot, Sojaeiweißkonzentrat oder Sojaproteinisolat im Handel erhältlich. Im Vergleich zum Ausgangsmaterial steigt der Eiweißgehalt dieser Produkte von etwa 45 % auf über 90 % an, bei gleichzeiti-

gem Rückgang unerwünschter Kohlenhydrate und der Rohfaser.

Sojaextraktionsschrot enthält nur Spuren von Stärke, dafür relativ hohe Mengen (6 bis 7 %) an Zuckern (Stachyose, Raffinose), die nur im Dickdarm abgebaut werden und zusammen mit den Faserstoffen verstärkt zu Blähungen führen können. Sojaprodukte sind arm an Mineralstoffen, Spurenelementen und fettlöslichen Vitaminen, dagegen vergleichsweise reich an B-Vitaminen. Die Sojaprodukte kommen nicht nur als Schrote, sondern auch in verarbeiteter (texturierter) Form in den Handel. Tofu wird vielfach für die menschliche Ernährung verwendet und kann auch beim Hund eingesetzt werden. Es handelt sich um ausgefälltes Sojaeiweiß. Sojaextraktionsschrot kann in Mengen von 10 bis 15 % in Futterrationen eingesetzt werden.

Von den übrigen Rückständen der Fettgewinnung kommen allenfalls Erdnuss- und Leinsaatprodukte als Futtermittel in Frage. **Erdnussextraktionsschrote** aus enthülster Saat weisen einen ähnlich hohen Rohproteingehalt auf wie Sojaextraktionsschrot – bei weniger Rohfaser. **Leinsamenextraktionsschrote** wurden in der Hundefütterung bisher selten verwendet. Ihre Verdaulichkeit erreicht etwa 85 %. Bemerkenswert sind der hohe Selengehalt sowie die diätetisch günstig wirkenden Schleimstoffe in Leinsamen und Leinsamenextraktionsschroten, aber auch ein hitzeempfindlicher Stoff, der Vitamin B6 inaktivieren kann.

Hefen

Futterhefen fallen bei der Herstellung von Bier und anderen Lebensmitteln an. Sie sind mit etwa 50 bis 60 % Rohprotein eiweißreich und können eiweißarme Futtermittel ergänzen (Verdaulichkeit nur etwa 80 %). Außerdem ist ihr hoher Gehalt an wasserlöslichen Vitaminen bemerkenswert. In geringen Mengen – bis 2 % der Futtertrockensubstanz – werden Hefen gern als natürliche Vitamin-B-Quellen eingesetzt. Wegen des bitteren Geschmacks müssen sie, wenn sie in größeren Mengen oder als Zusatzpräparat verwendet werden sollen, entweder zuvor entbittert oder gut mit anderen Futtermitteln vermischt werden, um eine ausreichende Akzeptanz zu erreichen.

Wurzeln und Knollen

Kartoffeln liefern aufgrund ihres hohen Stärkegehaltes vorwiegend Energie. Auf 1 MJ umsetzbare Energie entfallen nur etwa 5 g verdauliches Rohprotein. Unter den Mineralstoffen ist der hohe Kaliumgehalt hervorzuheben. Die übrigen Mineralien sind knapp vertreten. Dagegen sind die Gehalte an wasserlöslichen Vitaminen relativ günstig.

Vor der Verfütterung sind Keime zu entfernen, die Kartoffeln sorgfältig zu reinigen und in der Schale zu kochen. Wegen des möglicherweise hohen Gehalts an giftigem Solanin, das beim Kochen austritt, muss das Kochwasser entfernt werden. Die Kartoffeln werden dann am besten zusammen mit der Schale zerkleinert und mit anderen geeigneten Futtermitteln vermischt. Auf diese Weise bleiben die Verluste an wasserlöslichen Vitaminen gering. Kartoffeln können wegen der guten Akzeptanz bis zu 60 % der Trockensubstanz einer Ration stellen. Sie haben sich unter anderem bei Hunden mit viel Bewegung gut bewährt. Obwohl der Eiweißgehalt relativ gering ist, weist das Kartoffelprotein eine hohe biologische Wertigkeit auf. Rohe Kartoffeln dagegen sind fast unverdaulich.

Möhren enthalten neben pflanzlichen Gerüststoffen und sonstigen Kohlenhydraten einschließlich Zucker auch das Provitamin A (β-Karotin), das vom Hund genutzt werden kann. In Mengen bis zu 20 g/kg Körpergewicht/Tag können Möhren, die eine Verdaulichkeit von 90 % erreichen, nach Gewöhnung auch roh verfüttert werden. Sie begünstigen bei Hunden, die zu übermäßiger Futteraufnahme neigen, eine frühe Sättigung. **Rote Bete** ist ähnlich zu verwenden, jedoch arm an β-Karotin.

Als **Trockenschnitzel** bezeichnet man das Mark der Zuckerrüben nach Entfernung des Zuckers. Sie sind in kleinen Mengen (bis 5 %) zur Regulierung der Darmtätigkeit gut geeignet. Charakteristisch ist ein relativ hoher Anteil an Pektinen, die von den Mikroorganismen des Verdauungstrakts abgebaut werden können.

Gemüse, Obst und Nüsse

Gemüse weist in frischem Zustand einen hohen Wassergehalt und relativ große Mengen an pflanzlichen Gerüststoffen – in der Regel über 10 % in der Trockensubstanz – auf. Die Verdaulichkeit bleibt meistens unter 70 %. Die Gehalte an umsetzbarer Energie ebenso wie an verdaulichem Eiweiß sind entsprechend gering. Aufgrund ihrer Gerüststoffe und Vitamine können geringe Gemüsemengen faserarmen, einseitig zusammengesetzten Rationen zuge-

Hunde nehmen häufig unkontrolliert Futter auf. Doch Vorsicht: Nicht alles ist verträglich!

mischt werden (bis zu 5 % der Trockensubstanz). Zur besseren Akzeptanz und Verdaulichkeit wird das Gemüse bei Einsatz größerer Mengen zuvor kurz gekocht. Um die Vitaminverluste gering zu halten, kann ein Druckkochtopf verwendet werden. Geringe Mengen an Gemüse können, wenn der Hund daran gewöhnt ist, auch roh anderen Futtermitteln zugemischt werden. Zu hohe Mengen können jedoch die Verdaulichkeit der Ration mindern. Einige Gemüse enthalten im rohen Zustand schädliche Inhaltsstoffe.

Äpfel werden gelegentlich verfüttert. Sie enthalten neben rund 85 % Wasser vorwiegend Pektine und Zucker. Bei chronischen Darmerkrankungen können geriebene Äpfel als Ballaststoff versucht werden. Die hohen Vitamin-C-Gehalte im Apfel sind für den Hund ohne Bedeutung, da sein Organismus Vitamin C selbst synthetisieren kann.

Bananen sind aufgrund ihres hohen Stärkegehaltes als reine Energiequellen anzusehen. Bei Fütterung in größeren Mengen müssen sie zuvor gedämpft werden, um ihre Verdaulichkeit zu erhöhen.

Getrocknete Pflaumen haben auch beim Hund eine deutlich abführende Wirkung, sodass sie bei festem Kot verwendet werden können (eingeweicht und entkernt).

Luzernegrünmehl hat sich in Kombination mit Schlachtabfällen und anderen hochverdaulichen Rationen in Mengen bis zu 5 % in der Trockensubstanz zur Regulation der Darmtätigkeit bewährt. Auch in Diäten für übergewichtige Hunde lässt sich Luzernegrünmehl, dessen Akzeptanz allerdings nicht sehr hoch ist, verwenden.

Mit **Zwiebeln** und **Knoblauch** lassen sich entgegen einem verbreiteten Volksglauben Würmer nicht abtreiben. Übermäßige Zwiebelfütterung begünstigt Blutarmut. Aus diesem Grund und wegen der auftretenden Geruchsbelästigungen sind größere Mengen roher Zwiebeln oder auch an Knoblauch für Hunde nicht geeignet.

Nüsse liefern vorwiegend Energie in Form von Fett. Nach ausreichender Zerkleinerung werden die enthaltenen Fette gut verdaut. Aufgrund des möglichen Blausäuregehaltes sollten Mandeln nur in geringen Mengen verfüttert werden. Gesalzene Nüsse sind ebenfalls nur in kleinen Mengen anzubieten.

Fette und Öle

Fette und Öle sind reine Brennstoffe. Sie enthalten außer essenziellen Fettsäuren keine anderen lebensnotwendigen Nährstoffe und können besonders bei Hunden mit hohem Energiebedarf und hoher Bewegungsleistung eingesetzt werden. Akzeptanz und Verträglichkeit sind im Allgemeinen gut. Fette mit einem hohen Anteil an Buttersäure oder mittellangen Fettsäuren wie Palmkernfett oder Kokosöl sind in größeren Mengen allerdings weniger verträglich, da diese Fettsäuren beim Hund abführend wirken, eventuell auch Erbrechen verursachen.

Fette pflanzlicher Herkunft enthalten in der Regel hohe Anteile an ungesättigten Fettsäuren. Soja-, Mais- und Sonnenblumenöl haben sich bewährt. Auch Leinsaat- und Olivenöl haben eine gute Verträglichkeit. Im Handel werden auch spezielle Öle (z. B. Nachtkerzenöl) angeboten, die jedoch nur in besonderen Fällen, zum Beispiel bei

> Reis weist die höchste Verdaulichkeit aller Getreide auf und kann daher sehr gut in der Ernährung auch empfindlicher Hunde als Energiequelle eingesetzt werden.

Hauterkrankungen nach tierärztlicher Anweisung, gegeben werden sollten.

Unter Fetten tierischer Herkunft ist der Anteil an ungesättigten Fettsäuren in Wiederkäuerfetten am geringsten und nimmt über das Schweine- und Geflügelfett bis zum Fischöl zu. Entsprechend steigt die Verdaulichkeit.

Ergänzungsfuttermittel

Zur Ergänzung von Schlachtabfällen oder anderen **eiweißreichen** Nebenprodukten stehen eiweißarme, industriell hergestellte Ergänzungsfutter zur Verfügung, meistens als **Flockenfutter** bezeichnet. Sie enthalten überwiegend gut verdauliche Getreideflocken. Mit etwa 10 % Rohprotein sind sie eiweißarm, dank des geringen Aschegehaltes und mittlerer Fettgehalte (etwa 4 %) kommen sie auf vergleichsweise hohe Energiegehalte von 1,6 MJ (rund 1,45 MJ umsetzbare Energie) pro 100 g.

Die meisten Produkte sind mit **Mineralstoffen** und **Vitaminen** ergänzt. Bei der praxisüblichen Kombination mit Fleisch oder Schlachtabfällen ist die Mineralstoffversorgung meistens gesichert, im Bedarfsfall sollte jedoch ein Mineralfutter zusätzlich gegeben werden.

Zur Ergänzung von Reis, Haferflocken oder anderen **eiweißarmen** Futtermitteln gibt es eiweißreiche Ergänzungsfuttermittel, insbesondere

Fleisch in Dosenform, tiefgefroren oder als Trockenfleisch mit Rohproteingehalten von 33 bis 67 % (bezogen auf die Trockensubstanz). Diese Futtermittel sind meistens nicht noch zusätzlich mit Mineralstoffen und Vitaminen angereichert, sodass weitere Ergänzungen zur Komplettierung der Futterration notwendig werden. Bei teilweise sehr hohen Protein-, Mineralstoff- und Vitamingehalten sind auch manche Feuchtfutter zu den eiweißreichen Ergänzungsfuttermitteln zu zählen und in Kombination mit eiweißarmen Produkten verwendbar.

Viele Einzelfuttermittel weisen nicht nur Lücken im Mineralstoffangebot, sondern auch bei den Vitaminen auf. Zu ihrer Ergänzung stehen **Mineralfutter**, **vitaminierte Mineralfutter** und **Vitaminpräparate** zur Verfügung.

Belohnungen sind wichtig – in Maßen.

Mineralstoffhaltige Futtermittel (Gehalte pro 100 g)				
	Kalzium (g)	Phosphor (g)	Natrium (g)	Jod (mg)
kohlensaurer Futterkalk	36			
Kalziumzitrat ($\times$ 4 H_2O)	21			
Kalziumlaktat ($\times$ 5 H_2O)	13			
Viehsalz (Kochsalz), jodiert			38	7
Knochenfuttermehl	30	15		
Futterknochenschrot	18	9	0,6–1	
Seealgenmehl	1–3		3–4	50–150
Eischalen, getrocknet	37	0,2	0,1	0,01

Spurenelemente: NaJ (68 % J); KJ (76 % J); $CuSO_4 \times 5\,H_2O$ (25 % Cu); $ZnSO_4 \times 7\,H_2O$ (23 % Zn) und Na_2SeO_3 (46 % Se)

Die Auswahl und Dosierung der Mineralfutter richtet sich nach der Zusammensetzung der Grundfuttermittel und ihrer notwendigen Ergänzung. Bei der verbreiteten Kalzium- und Vitamin-A-Armut der wichtigsten Grundfuttermittel sind in der Regel Kalzium-und Vitamin-A-reiche, aber phosphorarme Präparate notwendig.

Pulverisierte oder granulierte Mischungen haben den Vorteil guter Mischbarkeit mit anderen Futtermitteln, während Tabletten meistens in andere Futtermittel „eingepackt" werden müssen, damit ihre Aufnahme gewährleistet ist. Während die Aufnahme von Salzen keine Schwierigkeiten macht, müssen andere Mineralstoffe wie Futterkalk mit anderen Komponenten gut vermischt werden, um aufgenommen zu werden.

Knochenfuttermehl (aus entfetteten und entleimten Knochen) oder Futterknochenschrot (aus entfetteten Knochen mit noch etwa 25 % Rohprotein)

haben aufgrund ihres spezifischen Geruches eine gute Akzeptanz.

Als mineralstoffreiches Naturprodukt ist Seealgenmehl beliebt. Es zeichnet sich durch einen hohen Jodgehalt aus. Mengen von mehr als 0,1 g/kg sind zu vermeiden, da Jod im Überschuss schädlich auf die Schilddrüse wirkt.

Als natürliche Produkte zur Vitamin-A-Versorgung sind Leber und für Vitamin E Weizenkeimlinge zu nennen. Als Lieferant für B-Vitamine kommt entbitterte Bierhefe in Betracht.

Vitaminierte Mineralfutter und Vitaminpräparate werden in großer Vielzahl im Handel angeboten. Die meisten Produkte für die Mineralstoffergänzung enthalten circa 20 % Kalzium und 10 % Phosphor. Es bestehen allerdings große Variationen zwischen den Anbietern. Die entsprechende Dosierung lässt sich überschlägig am besten anhand des Kalziumgehalts berechnen: Sollen für den Hund 2 g

Kalzium pro Tag zugeführt werden, so müsste das Produkt mit einem Kalziumgehalt von 20 % in einer Menge von 10 g pro Tag eingesetzt werden (2 g : 20 % × 100 % = 10 g). Würde das Produkt nur 10 % Kalzium enthalten, so würde sich die erforderliche Menge verdoppeln.

Beifutter

Es gibt unüberschaubar viele Produkte, die in kleinen Mengen zur Belohnung, zur Erbauung oder zur „Festigung der Mensch-Hund-Beziehung" dienen sollen: Riegel, Drops, Snacks, Kuchen, Biskuits und so weiter, die in unterschiedlichsten Formen zu nicht geringen Preisen angeboten werden. Die Notwendigkeit ihrer Verfütterung lässt sich aus ernährungsphysiologischer Sicht nicht begründen, selbst wenn oft mit hochwertigen Inhaltsstoffen geworben wird. Viele Produkte sind sehr fett- und damit energiereich.

Die eingesetzte Menge sollte 5 bis 10 % der Tagesfuttermenge nicht überschreiten.

Im Rahmen einer gesundheitsbewussten Ernährung werden auch Produkte mit diversen Kräutermischungen angeboten. Kräuter enthalten eine Reihe von interessanten Wirkstoffen. Allerdings stehen umfassende Prüfungen beim Hund nach wie vor aus. Insofern ist vor einer unkritischen Verwendung zu warnen. Vorbeugende Effekte gegenüber Erkrankungen, Parasitenbefall oder auch heilende Wirkungen sind nur im Einzelfall gesichert. Entsprechend empfiehlt es sich, im Zweifel einen Tierarzt zu konsultieren.

Berechnung von Futterrationen

Es ist ohne Weiteres möglich, Hunde mit selbst zusammengestellten Rationen ausgewogen zu füttern. Das ist zunächst unabhängig davon, ob das Futter roh (BARF-Fütterung, siehe S. 89) oder im gekochten Zustand angeboten wird.

Selbst hergestelltes Futter muss genauso wie industriell hergestelltes Mischfutter den Energie- und Nährstoffbedarf des Hundes abdecken. Dabei ist es nicht unbedingt erforderlich, dass eine hundertprozentige Übereinstimmung zwischen der berechneten Nährstoffversorgung und den Bedarfswerten erreicht wird, da dieses praktisch unmöglich ist. Die Versorgungsempfehlungen beinhalten immer eine gewisse Sicherheitsspanne, sodass Abweichungen in gewissem Umfang tolerierbar sind.

Wenn eine eigene Ration berechnet werden soll, hat sich folgendes Vorgehen bewährt:

– Ermittlung des Bedarfs an Energie und Nährstoffen für den zu versorgenden Hund. Dazu stehen Daten in den Tabellen auf S. 45 und 58 zur Verfügung. Entsprechend Alter und Temperament des Hundes werden diese Bedarfszahlen gegebenenfalls modifiziert. Dieses ist insbesondere beim Energiebedarf zu berücksichtigen.

– Auswahl der Futter nach Beschaffungsmöglichkeit, Nährstoffgehalt, Verträglichkeit und Akzeptanz.

Zur Vorauswahl werden die Futtermittel unterteilt in

– vorwiegend eiweißhaltige,
– vorwiegend energiehaltige,

– und Futtermittel mit speziellen Nährstoffgehalten bzw. Wirkungen.

Bei der Rationsberechnung sind zunächst die energie- und eiweißhaltigen Futtermittel so zu kombinieren, dass der Bedarf an verdaulicher Energie und verdaulichem Eiweiß abgedeckt wird. Dabei bleiben die übrigen Nährstoffe zunächst unberücksichtigt.

Im Beispiel der Tabelle unten würden etwa 135 g Rindfleisch und 155 g Reis dieser Forderung annähernd genügen. Werden nun die wichtigsten Rationskomponenten und Nährstoffe bilanziert, so zeigt sich, dass diese Mischung knapp an Rohfaser ist, vor allem aber an Kalzium, Natrium und Zink. Für den Rohfaserausgleich können 20 g Weizenkleie dienen, aber auch Gemüse (z. B. Möhren).

Die essenziellen Fettsäuren, die im Rindfleisch und im Reis nur in geringen Konzentrationen vertreten sind, werden über Maiskeimöl in einer Menge von 15 g/Tag zugeführt. Für die Abgleichung des Mineralstoff- und Vitamindefizits wird ein geeignetes vitaminiertes Mineralfutter mit 21 % Kalzium und 8 % Phosphor in einer Menge von 6 g pro Tag eingesetzt. Da die Salzaufnahme nicht ganz den Versorgungsempfehlungen entspricht, wird zusätzlich eine kleine Menge an jodiertem Kochsalz empfohlen. Bei der vorgeschlagenen Ergänzung entsteht ein gewisser Überschuss an Phosphor, Natrium, Zink und Vitamin A. Dieses ist jedoch vom Umfang her tolerierbar.

Bei der Herstellung des Futters geht man folgendermaßen vor: Zunächst werden die Grundfuttermittel (Fleisch und Reis) gekocht. Dann erst werden die

Beispiel zur Berechnung einer Ration für einen 15 kg schweren Hund im Erhaltungsstoffwechsel

	Futtermenge	ums. Energie	verd. Rohprotein	Rohfaser	Linolsäure	Kalzium	Phosphor	Natrium	Zink	Vit. A
	g	MJ	g	g	g	mg	mg	mg	mg	IE
Bedarf je Tag		3,8	38		2,7	1200	900	750	15	1500
Rindfleisch	135	0,7	27,8			4,7	261,9	77,0	5,7	67,5
Reis	155	2,3	9,4	0,2	0,2	9,3	186,0	9,3	2,0	
Zwischensumme 1	290	3,0	37,2	0,2	0,2	14,0	447,9	86,3	7,7	67,5
Ergänzungsbedarf		0,8			2,5	1186	452	664	7	1433
Weizenkleie	20	0,2	1,5	2,2	0,5	32,0	220,0	10,0	1,5	
Maiskeimöl	15	0,6			5,9					
Salz, jodiert	1							380		
Mineralfutter	6					1260	480	360	18	1500
Aufnahme je Tag	332	3,8	38,6	2,4	6,5	1308	1148	836	27	1640

Beispielrationen für ausgewachsene Hunde mit unterschiedlichem Gewicht				
	Gewicht des Hundes, kg			
	5	15	30	50
Komponenten	Futtermengen in g/Tag			
Hühnerfleisch	30			
Rindfleisch		80		
Pansen			220	
Schweinemagen				460
Ei, gekocht	25	25		
Nudeln, Rohgewicht	75	160		
Haferflocken			260	300
Möhren	20	20		
Pflanzenöl	5	10	25	20
Mineralfutter, vitaminiert	0,5 g/kg Körpergewicht			

vitaminierten Mineralfutter zugesetzt. Weizenkleie oder Gemüsestücke können nach dem Kochen eingerührt werden, es sei denn, der Hund nimmt rohes Gemüse nicht gern auf.

Wenn das Prinzip der Rationsgestaltung klar ist, gibt es zahllose Variationsmöglichkeiten. Dadurch wird die Fütterung des Hundes interessant und abwechslungsreich gestaltet. Nachfolgend werden nur einige Beispiele für Rationen angegeben, die als Anregung dienen sollen.

Bei den Rationen für kleine Hunde können als Eiweißquellen hochwertige Fleischsorten, Ei, aber auch Leber, Käse oder Milch verwendet werden. Statt 10 g Ei (etwa ⅕ Hühnerei) sind 30 ml Milch oder 10 g Hüttenkäse möglich. Als energieliefernde Komponenten kommen Haferflocken, Reis, aber auch gekochte Kartoffeln in Frage. Für eine normale Kotkonsistenz wirken 5 bis 10 g Weizen-

kleie günstig. Falls diese nicht gern gefressen wird, sind 20 g Gemüse, zum Beispiel frische Möhren möglich. Möglichst sollte mit einem vitaminierten Mineralfutter ergänzt werden oder es müssen entsprechende Ergänzungen mit Futterkalk, Kochsalz und gegebenenfalls Innereien vorgenommen werden, sodass die Versorgung mit Spurenelementen und Vitaminen gewährleistet ist.

Die Mischungen zur Ergänzung werden primär nach ihrem Kalzium- und Phosphorgehalt, darüber hinaus nach ihrem Vitamin-A-und -D-Gehalt ausgewählt. Für mittelgroße Hunde werden als Eiweißquellen neben Fleisch auch wertvollere Schlachtabfälle wie Pansen gern genutzt. Als Energieträger sind je nach Vorliebe Kartoffeln, Reis oder Getreideflocken möglich. Diese Energieträger können etwa in folgenden Mengen gegeneinander ausgetauscht werden:

100 g Reis poliert = 85 g Haferflocken
= 85 g Maisflocken
= 90 g Nudeln
= 100 g Flockenfutter
= 230 g Kartoffeln,
gekocht

Es besteht auch die Möglichkeit, ein energiereiches Ergänzungsfuttermittel (oft als Flockenfutter bezeichnet) zu verwenden, das – sofern mineralisiert und vitaminiert – zusätzliche Mineralfutter und Vitaminpräparate überflüssig macht. Die Rohfaserversorgung von Hunden kann im zweiten Schritt variiert werden. Neigt der Hund zu Übergewicht, ist es unter Umständen sinnvoll, faserreiche Futtermittel vermehrt einzusetzen. Dadurch wird die Energiedichte des Futters reduziert und auch die Verdaulichkeit geht zurück (erkennbar an erhöhter Kotmenge). Als Ballaststoffquellen kommen Weizenkleie, Möhren, Zellulose sowie zahlreiche Gemüsesorten infrage. Möhren oder Apfelstücke sind auch ein guter Snack zwischendurch. Sie weisen einen geringen Energiegehalt auf und können gut als Belohnung eingesetzt werden.

Häufig greifen Tierhalter großer Hunde oder Riesenrassen auf preiswertere Futterkomponenten zurück.

Pansen, Blättermagen und Schweinemagen sowie weniger wertvolle bindegewebsreiche Schlachtabfälle (Euter, Lunge, Milz usw.) kommen hier bei der Rationsgestaltung infrage. Sollten Hunde jedoch mit einem weichbreiigen Kot reagieren, sind die Anteile der Schlachtabfälle zu reduzieren oder ganz aus der Ration zu entfernen.

Wer die Unbequemlichkeiten frischer Schlachtabfälle vermeiden will, kann auch auf getrocknete Produkte wie Tiermehl oder Sojaextraktionsschrot zurückgreifen, die im Landhandel erhältlich sind. In Kombination mit den zuvor genannten Futtermitteln zur Energielieferung lässt sich damit eine vollwertige Ration herstellen. Bei der Verwendung von Tiermehl erübrigt sich ein kalzium- und phosphorreiches Mineralfutter. Dann sind vitaminreiche Präparate zur Ergänzung ausreichend.

Rohfütterung („BARF")

Die Grundidee der Rohfütterung von Hunden ist, dass diese naturnäher gestaltet werden soll. Die Abkürzung steht für Bones And Raw Foods, also sinngemäß Knochen und rohe Futtermittel. Die BARF-Fütterung ist unter

Beispiel einer BARF-Ration für ausgewachsene Hunde mit unterschiedlichem Gewicht					
	Gewicht des Hundes, kg				
	5	10	15	30	50
	Futtermenge in g/Tag				
Fleisch, nicht zu mager, z. B. Schaf	68	115	156	262	385
Leber, z. B. Rind	30	50	68	114	167
Gemüse	30	50	68	114	167
Pflanzenöl	9	15	20	34	50
Kalbsknochen	5	10	15	30	50

hygienischen Aspekten nicht problemlos, da aus der Verwendung von rohen Futterkomponenten höhere Hygienerisiken resultieren (siehe S. 68). Kanadische Untersuchungen konnten zeigen, dass viele Hunde, die auf diese Art ernährt werden, Salmonellen über den Kot ausscheiden. Durch mögliche Salmonelleninfektionen ist nicht nur der Hund, sondern durch den engen Kontakt auch der Mensch gefährdet. Eine Salmonelleninfektion kann besonders bei kleinen Kindern und älteren Menschen lebensbedrohliche Situationen hervorrufen. Unter den Infektionserregern haben auch Viren, andere Bakterien und Parasiten eine gewisse Bedeutung, unter anderem Sarkosporidien.

Rohes Gemüse kann in beschränktem Umfang verwendet werden, solange es keine negativ wirkenden Inhaltsstoffe besitzt. Knochen stellen bei der BARF-Fütterung einen mengenmäßig großen Bestandteil des Futters dar. Über die Verfütterung von Knochen kann der Mineralstoffbedarf von Hunden gedeckt werden. Es sollte allerdings nicht zu viel verfüttert werden, um der Entstehung von schweren Verstopfungen (sogenannter Knochenkot) vorzubeugen. Die Gesamtaufnahme von Knochen sollte 10 g pro kg Körpergewicht und Tag nicht überschreiten. Für die Kalzium- und Phosphorbedarfsdeckung reicht eine Menge von 1 g Knochen/kg Körpergewicht und Tag aus. Futtermischungen müssen in jedem Fall dem Alter und dem Gesundheitszustand des Hundes angepasst werden. Leider kommt es in

Auf die richtige Mischung kommt es an.

der Praxis oft zu Unter- oder auch massiven Überversorgungen, sodass man sich im Zweifelsfall von einem Fachmann beraten lassen sollte. Ein Beispiel für eine entsprechend angepasste Mischung für ausgewachsene Hunde ist in der Tabelle auf Seite 89 dargestellt.

Ernährung älterer Hunde

Neben den Veränderungen im Verdauungskanal älterer Hunde ist die unterstellte Abnahme des Geruchs-und Geschmacksempfindens zu beachten, die bei sehr alten Tieren zu Akzeptanzschwierigkeiten führt. Durch Zahnverluste kann die Aufnahme fester Futtermittel beeinträchtigt werden.

Bei der Fütterungsgestaltung ist zu berücksichtigen, dass mit zunehmendem Alter eine Veränderung der mikrobiellen Besiedlung des Verdauungstrakts einsetzt und die Motorik des Darmrohrs nachlässt, d. h. das Risiko einer gestörten Darmpassage oder sogar von Verstopfung wird größer.

Der Nährstoffbedarf älterer Hunde verändert sich zum Teil. Im Allgemeinen sollte man älteren Tieren etwa 20 % weniger Energie zuteilen als jüngeren Hunden, da die körperliche Aktivität deutlich nachlässt. Andererseits nimmt die Fresslust – außer bei der infolge abnehmender Geschmacksempfindung bedingten verminderten Futteraufnahme – nicht parallel ab. So besteht beim älteren Hund das Risiko eines Energieungleichgewichtes und die Tendenz zu vermehrtem Fettansatz. Neben verfetteten älteren Hunden finden sich aber auch immer wieder Beispiele dafür, dass ältere Hunde einen

Beispielrationen für alte Hunde mit unterschiedlichem Gewicht

	5	10	15	30	50
			Futtermenge in g/Tag		
Rindfleisch	35	40		170	340
Schaffleisch			170		
Leber		30		30	
Vollmilch	30	30			
Quark, mager			50		
Joghurt, mager				20	
Ei, gekocht	50	50		50	
Reis, Rohgewicht	70				
Haferflocken		90	25	200	
Maisflocken					375
Kartoffeln					375
Möhren	25	25	50		100
Luzernegrünmehl			20		
Gemüse				50	
Zellulose					10
Pflanzenöl		10	10	25	10
Mineralfutter, vitaminiert	2	4	6	15	20

(Spaltenüberschrift: Gewicht des Hundes, kg)

schlechten Ernährungszustand aufweisen.

Aufgrund der genannten Besonderheiten im Stoffwechsel sind folgende Fütterungsmaßnahmen bei älteren, gesunden Hunden zu empfehlen:

– Die Futterzufuhr ist bewusster vorzunehmen und im Fall von Übergewicht auf die untere, in der Tabelle auf Seite 45 angegebene Zahl abzustimmen. Falls der Hund dabei Gewicht zulegt, ist weiter zu reduzieren.

– Die Proteinzufuhr soll den Angaben in der Tabelle auf Seite 45 entsprechen. Die verwendeten Eiweiße müssen hochwertig und hochverdaulich sein (Fleisch, Eier, Milch), sodass mikrobielle Umsetzungen im Dickdarm gering bleiben und die Leber nicht zu sehr belastet wird.

– Die Kalziumzufuhr ist entsprechend den Empfehlungen in der Tabelle auf Seite 58 vorzunehmen, ein Überschuss an Phosphor oder Salz ist zu vermeiden. Beide können die Nieren belasten.

Richtwerte zur Zusammensetzung von Trocken- bzw. Feuchtalleinfutter für ältere Hunde			
		Richtwerte	
		Trockenfutter	Feuchtfutter
Rohprotein	%	18–22	6–7
Kalzium	%	0,6–1,0	0,16–0,30
Phosphor	%	0,4–0,8	0,12–0,22
Natrium	%	0,2–0,5	0,08–0,15
Kalium	%	0,2–0,5	0,08–0,15
Zink	mg/100 g	10–20	3–6
Selen	µg/100 g	15–25	4–7
Iod	µg/100 g	80–150	25–45
Vitamin A	IE/100 g	1100–2000	320–600
Vitamin D	IE/100 g	110–200	30–60
Vitamin E	mg/100 g	11–20	3–6
Vitamin B1	mg/100 g	0,2–0,4	0,06–0,12

- Die Versorgung mit Zink, Vitamin A, E und wasserlöslichen Vitaminen sollte angehoben werden, als Richtwert auf das Doppelte der Normalwerte.
- Das Futter muss ausreichend schmackhaft sein. Übergießen von Trockenfutter mit heißem Wasser kann die Akzeptanz erhöhen. Bei Zahnschäden oder Zahnverlust muss das Futter entsprechend zerkleinert werden.
- Bei Neigung zu Verstopfung ist neben ausreichender körperlicher Bewegung durch Zulage geringer Mengen an Weizenkleie, Luzernegrünmehl, eventuell auch Vollmilch für eine zügige Nahrungspassage zu sorgen.
- Die Futtermenge ist in 2 bis 3 Mahlzeiten aufzuteilen, möglichst bei Einhaltung der Fütterungszeiten. Der ältere Organismus stellt sich mehr noch als der junge strikt auf einen bestimmten Zeitplan in der Fütterung ein.

Rationsvorschläge für ältere Hunde finden sich in der Tabelle auf Seite 92. In einem industriell hergestellten Trockenfutter für ältere Hunden sollten circa 25 % Rohprotein, circa 10 % Rohfett, bis 1 % Kalzium und 0,8 % Phosphor enthalten sein.

Anhaltspunkte für die übrigen Nährstoffe sowie für Feuchtalleinfutter sind in der obigen Tabelle dargestellt.

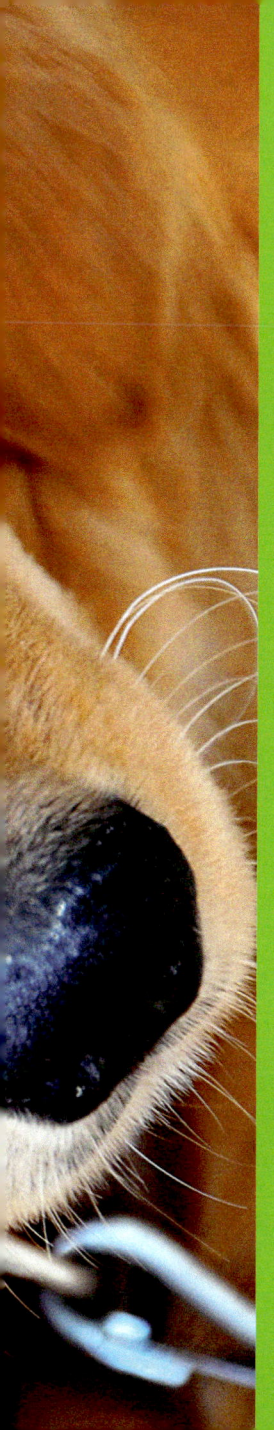

Fütterungsprobleme – was tun?

Gesundheitsprobleme

Sofern die wichtigsten Grundsätze der bedarfsgerechten Fütterung beachtet werden, haben Hunde eine gute Chance, bis ins hohe Alter gesund und leistungsfähig zu sein. Es gibt aber immer wieder einmal Phasen, in denen Probleme auftreten, die zu einer Veränderung der Ernährung Grund geben. Bei chronischen und dauerhaften Erkrankungen gibt es sogenannte Diätfuttermittel, die über den Tierarzt und teilweise auch im Futtermittelhandel erhältlich sind. Diätfuttermittel weisen spezifische Zusammensetzungen auf, die sie für die begleitende Behandlung von häufig vorkommenden Erkrankungen geeignet machen. Aufgrund der komplizierten physiologischen Zusammenhänge wird dieser Bereich in diesem Buch nicht weiter besprochen (weiterführende Literatur siehe Anhang).

Wichtiger Grundsatz: Bei Verdacht einer Erkrankung empfiehlt es sich, auf jede Form der Selbstbehandlung zu verzichten und einen Tierarzt zu konsultieren!

Vorsicht ist insbesondere bei jungen Hunden geboten: Appetitlosigkeit, Erbrechen oder Durchfall können Anzeichen ernster Infektionserkrankungen sein!

Der Hund frisst nicht

Wenn Hunde nicht fressen wollen, sind im Wesentlichen drei Ursachenkomplexe in Betracht zu ziehen: Futter, Umwelt oder der Hund selbst (siehe Tabelle S. 97). Welche Gründe für die Futterverweigerung vorliegen können und wie Abhilfe geschafft werden kann, zeigt die folgende Tabelle.

Hunde haben genau wie die meisten Menschen Vorlieben und Abneigungen gegen bestimmte Geschmacksrichtungen. Dabei sollte man sich davor hüten, menschliche Maßstäbe anzulegen: Geruch und Geschmack wirken auf Hund und Herrn keineswegs gleichartig! Hunde könnten individuell äußerst unterschiedlich reagieren, es gibt jede Variante, vom wählerischen Feinschmecker bis hin zum völlig unkritischen „Allesfresser".

Von vielen Futterkomponenten ist bekannt, dass sie von Hunden eher ungern aufgenommen werden: aschereiches Futter, die meisten pflanzlichen Eiweiße, oft auch Gemüse. Eine gute Akzeptanz besteht meist für eiweißreiche Futtermittel tierischer Herkunft (Fleisch, Innereien, Milch- und Eiprodukte), ebenfalls für fettreiche Futtermittel, insbesondere wenn diese tierischer Herkunft sind.

Bei generell problematischer Futteraufnahme ist zu empfehlen, besser mehrfach täglich kleine Portionen anzubieten als eine große Futtermenge über längere Zeit stehen zu lassen. Manchmal wird neues Futter eher gefressen als das gewohnte. Dies kann man sich bei gesunden Hunden zunutze machen, die ihre bisherige Nahrung verweigern.

Es gibt auch umweltbedingte Ursachen dafür, dass Hunde nicht fressen, wie Ortswechsel, Verlust der Bezugsperson oder die Aufnahme eines neuen Hundes in den Haushalt. Hier wird oft nur Geduld und eingehende Beschäftigung mit dem Tier weiterhelfen.

Wenn weder beim Futter noch in der Umgebung Ursachen für eine schlechte Futteraufnahme zu finden sind, sind sie beim Hund selbst zu suchen.

Der Hund muss nicht unbedingt krank sein, wenn kein Futter aufgenommen wird. So zeigen manche Hunde bei längerer Verabreichung desselben Futters abnehmende Fresslust, bis hin zur völligen Ablehnung. Während es sich bei diesem Vorgang um einen längerfristigen Prozess handelt, kommt es eventuell aus anderen Gründen zu einer kurzfristigen Futterverweigerung, z. B. infolge Wassermangel oder starker Erschöpfung nach körperlicher Überforderung.

Viele läufige Hündinnen „vergessen", Futter aufzunehmen, was eventuell auch auf Rüden zutrifft, die eine läufige Hündin wittern. Oft geht der Liebesdrang so weit, dass Verhaltensänderungen und Futterverweigerung über mehrere Tage anhalten.

Futterverweigerung – was tun?	
Ursache	Abhilfe
Futter:	
• neue Charge	→ Geduld (2 bis 3 Tage)
• Verderb (abweichender Geruch, zum Beispiel muffig, säuerlich)	→ Futterwechsel
• zu kalt	→ erwärmen
• ungünstiger Geschmack, ungewohntes Futter	→ Zugabe von Wasser, Milch, Fleischbrühe
Umgebung:	
• zu heiß	→ Abkühlung
• Ortswechsel, Reise	→ Geduld, Hund eingewöhnen
• neue Menschen/neue Hunde	→ Geduld, Hund eingewöhnen
• Verlust einer Bezugsperson	→ Geduld
Hund:	
• Hund ist des Futters überdrüssig	→ Futter wechseln
• Wassermangel	→ überprüfen, abstellen
• Erschöpfung, Stress	→ Ruhe, abkühlen
• Läufigkeit (Hündin) oder läufige Hündin in der Nähe (Rüde)	→ abwarten
• Schmerzen (auch starker Juckreiz)	→ Tierarzt
• Mangelerkrankung	→ Tierarzt
• sonstige Erkrankungen	→ Tierarzt

Eine Futterverweigerung kann auch durch Erkrankungen bedingt sein. Wegen der vielen möglichen Ursachen (Infektionen, Parasiten, Vergiftungen), die meist vom Laien nicht eindeutig erkennbar sind, sollte möglichst schnell der Rat eines Tierarztes eingeholt werden. Manchmal (z. B. bei Schluckbeschwerden oder Zahnproblemen) will der Hund zwar Nahrung aufnehmen, kann es aber nicht. In solchen Fällen ist auf jede Form der Selbstbehandlung zu verzichten. Auch starke Schmerzen oder irritierender Juckreiz sind mögliche Ursachen für eine Futterverweigerung, wobei unterschiedliche Organerkrankungen in Frage kommen. Werden Hunde über lange Zeit nur einseitig ernährt, so kann es zu einer Unterversorgung mit Nährstoffen kommen, die für die Futteraufnahme selbst von erheblicher Bedeutung sind. Hier hilft meist die Umstellung der Fütterung hin zu ausgewogener, hochwertiger Nahrung. Es kann günstig sein, besondere Leckerbissen spielerisch zu verabreichen (Fütterung von Hand), was oft zu einer gesteigerten Futteraufnahme führt.

Maulgeruch, Zahnstein

Geruch aus der Maulhöhle tritt meistens im Zusammenhang mit übermäßiger Zahnsteinbildung auf. Zahnstein ist eine Mischung aus Zellen, Bakterien und Mineralien, deren Stoffwechselprodukte den entsprechenden Geruch verursachen. Besonders unangenehm kann es werden, wenn Hunde zum Kotfressen neigen oder aber über längere Zeit unausgewogen ernährt wer-

den, z. B. ausschließlich mit Schlachtabfällen. Dadurch scheint die Entwicklung bestimmter Bakterienarten, die eiweißverwertende Fähigkeiten haben, in der Maulhöhle gefördert zu werden. Der bakterielle Eiweißabbau führt zur Freisetzung von Stoffwechselprodukten wie schwefelhaltigen Gasen, Ammoniak oder Aminen.

Bei normalem, sauberem Gebiss verbleiben nur in geringem Umfang Futterreste in der Maulhöhle. Sobald jedoch erhebliche Zubildungen an Zahnstein vorhanden sind, bieten sich den Bakterien zahlreiche Ansiedlungsnischen, was dann zu einer Art Teufelskreis führt.

Wenn Zahnbeläge erkennbar sind, muss zunächst das Gebiss kontrolliert und saniert werden. Zur Verhinderung einer Zahnsteinneubildung empfiehlt sich die regelmäßige Zahnpflege, entweder durch Bürsten und/oder durch die Verabreichung härterer, kaufähiger Futtermittel. Spezielle Kauspielzeuge aus geflochtenen Baumwoll- oder Kunststofffäden sein einigen Tieren ebenfalls mit Erfolg eingesetzt werden. Durch die spielerische Beschäftigung entsteht zudem eine erheblich verstärkte Speichelbildung, die zur Auswaschung der Mundhöhle beiträgt. Diese hygienischen Maßnahmen sind medizinisch sinnvoller als die alleinige Verabreichung von Präparaten zur Unterdrückung der Geruchsbildung (z. B. Chlorophylltabletten). Diese wirken in manchen Fällen jedoch unterstützend.

Kot- und Grasfressen

Viele Hunde nehmen gelegentlich oder sogar regelmäßig Kot auf. Häufig wird ein Nährstoffmangel vermutet, es kann sich aber auch um Spielerei handeln. Selbst bei ausgewogener Fütterung wird man ein entsprechendes Verhalten beobachten können.

Schlittenhunde fressen in Zeiten stärkster Arbeitsbelastung manchmal ihren eigenen Kot, wobei ein akuter Energiemangel zugrunde liegen kann. Krankheitsbedingtes Kotfressen kann insbesondere bei Schäferhunden auftreten, wenn die Funktion der Bauchspeicheldrüse gestört ist. Der Kot anderer Hunde kann mit Parasiten oder Krankheitserregern belastet sein, sodass man dessen Aufnahme möglichst verhindern sollte. Die Aufnahme von Rinder-, Pferde- oder Schafkot erscheint dagegen unproblematisch.

Für das häufig zu beobachtende Grasfressen lässt sich keine eindeutige Begründung geben. Eine ungenügende Nährstoffversorgung scheint unwahrscheinlich, da auch ausgewogen gefütterte Tiere entsprechende Verhaltensweisen zeigen. In Untersuchungen ließ sich kein Zusammenhang zwischen der Grasaufnahme und dem Rohfaserangebot im Futter finden. Der oft vermutete Zusammenhang zwischen der Grasaufnahme und einem dadurch ausgelösten Brechreiz ist nur teilweise zu bestätigen. Viele Hunde zeigen dieses Verhalten, ohne dass sie erbrechen. Da im Allgemeinen keine nachteiligen Konsequenzen zu erwarten sind, sollte man das Grasfressen tolerieren. Manche Hunde zeigen die Tendenz, neben den genannten Stoffen anderes Fremd-

Grasfressen tritt bei Hunden oft auf.

material, unter anderem auch Zimmerpflanzen zu benagen. Hier ist generell zur Vorsicht zu raten. Viele Pflanzen enthalten toxische Inhaltsstoffe, sodass daraus ein Risiko für das Tier entstehen kann.

Erbrechen

Als Erbrechen wird das Auswürgen von Mageninhalt bezeichnet. Vom Erbrechen zu unterscheiden ist das Auswürgen von Futter, bevor es den Magen erreichen konnte.

Der Hund erbricht oder würgt Futter aus	
Ursache	Abhilfe
Futter/Fütterung:	
• stark quellendes Futter	→ längeres Einweichen
• zu kaltes Futter	→ erwärmen
• spitze/scharfe Partikel	→ Futterwechsel
• Verderb (besonders toxinbildende Bakterien)	→ Futterwechsel
Hund:	
• Schluckstörungen	→ Tierarzt
• Magen-/Darm-Erkrankungen	→ Tierarzt
• Allgemeininfektionen, Stoffwechselstörungen	→ Tierarzt

Das Erbrochene erinnert zwar noch an das Futter, die Konsistenz ist jedoch flüssig und der Geruch deutlich sauer. Oft finden sich Beimengungen von Galle, die gelblich-schleimig aussieht. Wenn erhebliche Gallebeimischungen sowie wiederholtes Erbrechen auftreten, sollte das Tier einem Tierarzt vorgestellt werden, da möglicherweise ein Passagehindernis im Magen oder Darm vorliegt.

Ursachen können einmal in der Fütterungstechnik zu suchen sein, z. B. wenn Flockenfutter in zu großen Mengen nicht oder nicht ausreichend eingeweicht wurde und im Magen stark quillt oder wenn das Futter zu kalt (direkt aus dem Kühlschrank) verabreicht wird. Gelegentlich führen auch hastig aufgenommene grobe Knochenstücke bzw. spitze oder scharfe Futterpartikel zu entsprechenden Symptomen. Erbrechen kann insbesondere dann ein sinnvoller Schutzmechanismus sein, wenn verdorbenes Futter bzw. Abfälle aufgenommen werden, die mikrobiell gebildete Gifte oder krankmachende Bakterien enthalten.

Bei verschiedenen Erkrankungen treten Auswürgen bzw. Erbrechen auf, die unbedingt tierärztlich abgeklärt werden müssen, da ihnen Schluckstörungen, Magen-Darm-Erkrankungen oder auch Infektionen zugrunde liegen können. Während bei „unkompliziertem" Erbrechen die Nahrung am besten für etwa 1 bis 2 Tage entzogen wird, wobei Trinkwasser immer – am besten mit etwas Salz – anzubieten ist, verbietet sich bei einer Krankheit jede Form der Selbstbehandlung.

Magenblähung und Magendrehung

Besonders bei einigen großwüchsigen Hunderassen, aber auch bei Chow Chows, Eurasiern oder nordischen Rassen kann der Magen krankhaft aufgasen. Bei vermehrter Gasbildung dehnt er sich zunächst aus, kann dann aber auch seine Lage verändern.

Durch eine Drehbewegung können Mageneingang und -ausgang verlegt werden, sodass gebildetes Gas nicht mehr entweichen kann. Das Krankheitsbild ist akut und durch eine Auftreibung des Leibesumfangs, Kreislaufschwäche und Schmerzäußerungen gekennzeichnet.

Die Ursachen sind bis heute nicht eindeutig bekannt, vermutlich treffen mehrere ungünstige Faktoren zusammen. Es scheint, dass nicht nur bestimmte Rassen besonders veranlagt sind, sondern auch Futterzusammensetzung, Futterwechsel, Fütterungstechnik sowie individuelle Faktoren Einfluss haben.

Zur Vorbeuge empfiehlt es sich, Futter und Fütterungstechnik so zu gestalten, dass die Belastung des empfindlichen Magens möglichst minimiert wird. Das Futter muss hygienisch einwandfrei sein. Fettreiche Futtermischungen sind vermutlich grundsätzlich günstiger als kohlenhydratreiche, da Fett weniger mikrobiell abgebaut werden kann und z. T. sogar hemmende Wirkungen auf die mikrobielle Gasbildung ausübt. Weiterhin sollte das Futter nicht unnötig viel Kalzium enthalten, da Kalziumsalze meist stark puffernd wirken und dadurch die Ansäuerung des Mageninhaltes verzögern. Eine verminderte Ansäuerung begünstigt wiederum das Wachstum von Mikroorganismen und leistet damit der Gasbildung Vorschub. Nicht zuletzt kann bei Einwirkung der Magensäure auf Kalziumkarbonat (Futterkalk) gasförmiges Kohlendioxid entstehen.

Zur Vorbeuge sollten insbesondere großwüchsige Hunderassen mehrmals täglich (mindestens 2, besser 3 bis 4) kleine Mahlzeiten erhalten. Aufregung und Stresssituationen sollten sowohl unmittelbar vor, aber auch direkt nach der Fütterung strikt vermieden werden.

Faktoren, die eine Magenblähung bzw. -drehung beim Hund begünstigen

Futter:
• hoher Keimgehalt
• leicht vergärbare Inhaltsstoffe
• hohe Aschegehalte mit starker Pufferwirkung

Fütterungstechnik:
• unregelmäßige Fütterungszeiten
• zu große Futtermengen je Mahlzeit
• zu hohe Näpfe
• längeres Stehenlassen von eingeweichtem Futter (Verderb)
• Aufregung und Anstrengungen vor und nach der Fütterung

Individuelle Faktoren:
• hastige Futteraufnahme
• Luftschlucken
• geringe Magensaftsekretion
• verzögerte Magenentleerung
• Veranlagung (Rassen, eventuell Linien)
• Stress

Darmblähungen

Die Darmbakterien bilden erhebliche Mengen an Gasen, unter anderem Wasserstoff, Kohlendioxid und geruchsintensive Komponenten wie Ammoniak und schwefelhaltige Gase. Lästig wird dieser Umstand dann, wenn es zu einer übermäßigen Ausscheidung von Gas aus dem Dickdarm kommt. Beim Menschen werden täglich bis zu 1,5 l abgegeben, und auch beim Hund sind die Mengen der abgegebenen Gase beträchtlich.

Die Darmgasbildung wird durch das Futter bestimmt, doch längst nicht alle Hunde reagieren gleich. Ein kleineres Tier kann innerhalb der ersten Stunden nach der Fütterung mehr als 50 ml Gas über den Dickdarm ausscheiden. Dies wird den Hund selbst vermutlich nicht weiter belästigen, erschwert jedoch dem Besitzer das Zusammenleben mit seinem Haustier manchmal ganz erheblich.

Fragt man nach den zugrunde liegenden Ursachen, so sind wiederum fütterungsbedingte von individuellen Faktoren zu unterscheiden.

Manche Hunde scheinen für bakterielle Gärungsprozesse im Dickdarm besonders anfällig zu sein. Jeder Hundehalter, der einen entsprechend veranlagten Hund besitzt, wird seine eigenen Erfahrungen machen, welche Futtermittel besser und welche weniger gut verträglich sind.

Ein guter Ansatz ist es, den Hund versuchsweise mit einer hoch verdaulichen, selbst zubereiteten Ration zu füttern. Die Energie kann durchaus in Form von Kohlenhydraten im Futter enthalten sein, hier bietet sich aufgrund seiner hohen Verdaulichkeit gekochter Reis an. Günstig ist es, einen möglichst hohen Fettanteil in der Ration vorzusehen, da Fett die mikrobielle Gasbildung dämpfen kann. Von den verschiedenen Futterfetten ist insbesondere Rindertalg geeignet. Eiweiß sollte bedarfsdeckend, aber auf keinen Fall in zu hohen Mengen zugeführt werden. Bohnen, Sojaprodukte und sonstige Hülsenfrüchte ebenso wie

Darmblähungen	
Ursache	**Abhilfe**
Futter:	
• schlecht verdauliches Futter	→ Futterwechsel
• einseitige Ernährung (eiweißreich, zu hoher oder zu geringer Fasergehalt)	→ Futterwechsel
• hoher Leguminosenanteil	→ Verzicht auf Sojaprodukte, Bohnen, Erbsen
Hund:	
• Darmträgheit	→ abführendes Futter
• zu schnelle Passage	→ faserärmeres Futter
• Mangel an Verdauungsenzymen	→ hochaufgeschlossenes Futter
• übermäßige bakterielle Besiedlung des Dünn- und Dickdarms	→ Tierarzt
• entzündliche Veränderungen des Darms	→ Tierarzt

Fütterungsvorschläge für Hunde mit verstärkter Darmgasbildung

Besser vermeiden:
Leguminosen (Sojaschrot, Bohnen, Erbsen), bindegewebsreiche Schlachtabfälle (Milz, Lunge, Sehnen), laktosereiche Produkte (Milch, Quark), nicht aufgeschlossene Getreidekörner („Vollwertkost"), Haferflocken, Weizenkleie, bestimmte Fertigfutter

Verwenden von:
Ei, Hüttenkäse, Fleisch, evtl. Fisch, Reis, Nudeln, Kartoffeln, Fett (sehr günstig scheint Rinder- oder Hammeltalg zu sein), hochverdaulichen Spezialdiäten

Weitere Empfehlungen:
Ausgewogenheit der Ration beachten, keine einseitige Fütterung, individuelle Anpassung

> Bei Verdacht auf Magendrehung muss sofort ein Tierarzt aufgesucht werden!

bindegewebsreiche Futtermittel sind in diesen Fällen kritisch.

Hunde mit vermehrter Flatulenzgasbildung sollten mit einer Mindestmenge an Rohfaser (z. B. gekochte Möhren oder geriebener Apfel) versorgt werden, insbesondere um den Durchfluss des Nahrungsbreies durch den Darm zu regulieren. Da die rohfaserreichen Futterkomponenten aber auch wiederum als Ausgangsmaterial für die Bildung von Darmgas dienen können, sollte hier ausprobiert werden, was dem Tier am besten bekommt.

Unerwünschte Kotveränderungen

Der Kot sollte normalerweise fest geformt sein. Bestimmt wird seine Beschaffenheit durch den Wassergehalt. Dieser schwankt zwischen 60 und 70 %, wobei der überwiegende Anteil nicht frei, sondern in gebundener Form vorliegt. Für die Entstehung eines weichen Kotes sind verschiedene Ursachen verantwortlich.

Insbesondere beim Futterwechsel kann es zu einer unerwünschten Kotveränderung kommen. Sie kann sich innerhalb kurzer Zeit wieder normalisieren. Bleibt eine unangenehm weiche Beschaffenheit des Kotes auch über einen längeren Zeitraum nach einem Futterwechsel bestehen, so ist das aktuell angebotene Futter für das Tier ungeeignet. Derartige Unverträglichkeiten sind für manche Futterarten fast typisch. So werden eiweißreiche, überwiegend auf Zutaten tierischer Herkunft basierende Feuchtfutter nicht von allen Hunden problemlos vertragen. Hier kann ein Wechsel auf ein Trockenalleinfutter oft überraschend schnell zu einer Normalisierung der Verdauungsfunktionen führen.

Eine – bei einseitiger Fütterung – nachteilige Wirkung auf die Kotbe-

> Durchfall ist – besonders bei Jungtieren – ein ernstzunehmendes Krankheitssymptom!

schaffenheit üben bindegewebsreiche Schlachtabfälle (Euter, Lunge, Milz), aber auch Bohnen oder Sojaschrot aus. Zu hohe Mengen an Kohlenhydraten können gleichfalls zu Fehlgärungen im Dickdarm und zu einer verminderten Festigkeit des Kots führen. Milch und Quark, aber auch schlecht aufgeschlossene Stärkearten, die im Dünndarm nur unzureichend zerlegt und absorbiert werden, sollten daher nicht in höheren Mengen an Hunde verfüttert werden.

Durchfall

Durchfall kann kurzfristig (akut) oder mit längerer Dauer (chronisch) auftreten. Diesem Krankheitsbild können zahlreiche Ursachen zugrunde liegen, die oft erst durch eine exakte tierärztliche Untersuchung abgeklärt werden können. Bei betroffenen Welpen bzw. Junghunden können Durchfallerkrankungen innerhalb kurzer Zeit zum Tode führen, da diese die erheblichen Wasserverluste nicht lange ertragen

können. Sicheres Anzeichen eines bereits fortgeschrittenen Austrocknungsprozesses ist neben der allgemeinen Apathie und eventuell vorhandener Untertemperatur die Beobachtung, dass aufgezogene Hautfalten nicht wieder sofort verstreichen.

Durchfall betrifft Hunde sämtlicher Altersstufen. Je nach auslösender Ursache und Sitz der Krankheit kann Blut oder auch Schleim beigemengt sein. Die zugrunde liegende Störung kann sowohl vom Dünn- als auch vom Dickdarm ausgehen.

Aus Sicht der Ernährung lösen dieselben Ursachen, die für die Entstehung von unerwünscht weichem Kot genannt wurden (siehe Tabelle unten), Durchfall aus: plötzlicher Futterwechsel, einseitige Fütterung, Verderb. Das Futter kann bestimmte Bakterien enthalten. Manche Stoffwechselprodukte von Bakterien führen zu einem starken Wassereinstrom in den Darm oder sie verhindern, dass Wasser aus dem Darminneren absorbiert wird. Neben

Ursachen für weichen Kot	
Ursache	Abhilfe
Futter:	
• plötzlicher Futterwechsel	→ Geduld (2–3 Tage)
• einseitige Ernährung, z. B. nur Schlachtabfälle,	→ Futterwechsel
• zu hohe Mengen an Milchprodukten	→ Futterwechsel
• geringe Verdaulichkeit	→ Futterwechsel
• Verderb (muffig, säuerlich)	→ Futterwechsel
Umgebung:	
• Stress	→ für Ruhe sorgen
Hund:	
• Rassenveranlagung (besonders großwüchsige Rassen!)	→ optimales Futter durch Probieren herausfinden
• individuelle Veranlagung	→ siehe oben
• Erkrankungen, Parasiten	→ Tierarzt

Fütterungsvorschläge für Hunde mit weichem Kot

Besser vermeiden:
Leguminosen (Sojaschrot, Bohnen, Erbsen), bindegewebsreiche Schlachtabfälle (Milz, Lunge, Sehnen), laktosereiche Produkte (Milch), Feuchtalleinfutter mit hohen Eiweiß- und gleichzeitig geringen Rohfasergehalten, abrupte Futterwechsel

Verwenden von:
Ei, Hüttenkäse, Fleisch, evtl. Fisch, Reis, Nudeln, Haferflocken, hochverdaulichen Spezialdiäten, „Ballaststoffen" wie Weizenkleie oder auch Trockenmöhren (1 bis 2 g/kg Körpergewicht und Tag), Zellulose (1 g/kg Körpergewicht), hochwertigem Trockenalleinfutter

Durchfall tritt häufig auch gleichzeitig Erbrechen auf. Auch Vergiftungen können in sehr seltenen Fällen zu Durchfall führen, so durch Thallium, Blei, Arsen oder Insektenbekämpfungsmittel. Urlaub, Ortswechsel oder sonstige Veränderungen im Umfeld des Hundes können bei empfindlichen Tieren ebenfalls Durchfall auslösen.

In manchen Fällen liegt auch eine Unverträglichkeit im Sinne einer allergischen Reaktion auf Futterkomponenten vor. Hunde können auf Eiweiße im Futter allergisch reagieren und Durchfall entwickeln. Es ist häufig sehr schwierig, dieses Eiweiß zu identifizieren. Labortests sind bislang unvollkommen. Häufig bleibt nichts anderes übrig, als in einem aufwändigen Fütterungstest herauszufinden, welches Eiweiß die auslösende Ursache darstellt. Auch gibt es Wechselwirkungen zwischen Nahrungseiweiß und Darmbakterien. Das bedeutet, dass ein prinzipiell einwandfreies Futter erst im Organismus durch bakteriellen Umbau und die dabei entstehenden Produkte unverträglich „gemacht" wird. Ist der Auslöser – das Allergen – erkannt, muss in Zukunft dafür gesorgt werden, dass eine Aufnahme konsequent vermieden wird. Es kann für den Rest des Hundelebens bedeuten, auf Fertigfutter vollständig zu verzichten und individuelle Eigenmischungen aus verträglichen Komponenten herzustellen. Für besonders hartnäckige Fälle gibt es heute auch Spezialdiäten, in denen die Proteine durch enzymatische Behandlung vorverdaut sind. Bei Allergien gegenüber Futtermitteln treten häufiger auch Hautprobleme auf, insbesondere Juckreiz ist kennzeichnend.

Erkrankungen mit Durchfall als Symptom können durch Infektionen mit Viren, Bakterien und Parasiten ausgelöst werden. Manchmal liegen auch Fehlfunktionen von Organen vor, z. B. von Leber oder Bauchspeicheldrüse. Während Lebererkrankungen zu einer vermehrten Fettausscheidung mit dem Kot führen können, betrifft eine Erkrankung der Bauchspeicheldrüse (Pankreasinsuffizienz) zahlreiche weitere Verdauungsvorgänge.

Bei Hunden, die auffallend große Kotmengen absetzen und die trotz Heißhungers sehr stark abmagern, kann eine verminderte Funktion der Bauchspeicheldrüse zugrunde liegen. Dieses Krankheitsbild ist häufiger beim Deutschen Schäferhund zu beobachten, grundsätzlich können aber alle Rassen betroffen sein. Diese Tiere kön-

Ursachen für Durchfall	
Ursache	Abhilfe
Futter : • zu schnelle Futterumstellung • einseitige Ernährung, z. B. nur Schlachtabfälle, evtl. gleichzeitig geringe Verdaulichkeit • hemmende Inhaltsstoffe, z. B. in rohem Eiklar • Verderb (muffig, säuerlich) • Belastung mit Toxinen (besondere Mikroorganismen) • Vergiftungen (auch nicht fütterungsbedingte)	→ langsame Gewöhnung → Futterwechsel → Futterwechsel → Futterwechsel → Tierarzt, Futterwechsel → Tierarzt
Umgebung: • hochgradiger Stress (Ortswechsel, Urlaub)	→ für Ruhe sorgen
Hund: • Allergie • individuelle Veranlagung (»Verdauungsschwäche«) • Organerkrankungen • Parasiten, Infektionen	→ Tierarzt → Tierarzt → Tierarzt → Tierarzt

Ursachen für Verstopfung	
Ursache	Abhilfe
Futter: • stopfende Futtermittel wie Knochen, Stroh, faserreiche pflanzliche Produkte • Ration mit zu geringem (< 0,5 % der Trockensubstanz) bzw. zu hohem Rohfasergehalt (> 15 % der Trockensubstanz, kritisch besonders verholzte Pflanzenteile)	→ Futterumstellung → Futterumstellung
Umgebung: • unkontrollierte Aufnahme von Holz, altem Gras, Stroh u. a.	→ Hund beim Auslauf überwachen
Hund: • Erkrankungen (Prostata, Nerven, Tumore) • höheres Alter	→ Tierarzt → Tierarzt

Fütterungsvorschläge für Hunde mit Verstopfung
Besser vermeiden: Knochen, zu rohfaserreiche Futtermischungen
Verwenden von: frischer Leber (vom Rind, 1 bis 2 g/kg Körpergewicht/Tag), Milch (20 ml/kg Körpergewicht/Tag) oder Milchzucker (circa 2 g/kg Körpergewicht/Tag), eventuell einer Ration auf der Basis von Leguminosen (Sojaschrot) oder bindegewebsreicheren Schlachtabfällen (Milz, Lunge), Weizenkleie oder auch Trockenmöhren (1 bis 2 g/kg Körpergewicht/Tag), eventuell auch Pflaumen

nen durchaus mit Hilfe hochverdaulicher Spezialdiäten oder eines auf enzymatischem Weg vorverdauten Futters weitgehend problemlos ernährt werden. In jedem Fall gehören diese vierbeinigen Patienten in die Obhut eines erfahrenen Tierarztes.

Verstopfung

Als Verstopfung wird die Bildung von hartem, trockenem Kot bezeichnet, der nicht oder nur unter großer Anstrengung abzusetzen ist. Wird kein Kot mehr abgesetzt bzw. zeigt das Tier erkennbare Anstrengung, sollte schnell gehandelt werden. Es gibt Extremfälle, bei denen nur ein rascher tierärztlicher Eingriff helfen kann. Einige Hunde entwickeln eine Neigung zu derartigen Verdauungsstörungen. Im Alter kommt es ebenfalls häufiger zu Verstopfung, da die Darmaktivität nachlässt.

Als kritische Futtermittel sind zunächst Knochen zu nennen, dann aber auch Futterrationen mit sehr hohem Gehalt verholzter pflanzlicher Fasern. Durch mechanische Reizung der Darmwand kann es dadurch zu inneren Verletzungen und Blutungen kommen. Oft nehmen Hunde Stoffe wie Stroh, Haare oder auch Holz spielerisch und unbemerkt auf.

Liegt bei einem Hund eine Veranlagung zu Verstopfung vor, sollte zunächst geklärt werden, ob es sich um die Folge einer Grunderkrankung handelt, wie übermäßiges Wachstum der Prostata bei Rüden, Gewebezubildungen im Becken oder Nervenerkrankungen. Bei unkomplizierten Fällen kann durch Gabe von Futtermitteln mit abführender Wirkung eine Besserung des Zustandes erreicht werden. Ein Min-

destmaß an Bewegung, am besten Spaziergänge und ausreichende Möglichkeit zur spielerischen Betätigung, wirken gleichfalls unterstützend, da die Darmmotorik dadurch angeregt wird.

Erkrankungen von Fell und Haut

Auch Hauterkrankungen können fütterungsbedingt sein. Als weitere Ursachen sind insbesondere Parasitosen (Flöhe, Milben), aber auch Infektionen mit Bakterien und Pilzen oder hormonelle Störungen anzuführen. Liegt eine fütterungsbedingte Ursache vor, so dürfte es sich in den allermeisten Fällen nicht um den Mangel eines einzelnen Nährstoffs, sondern um eine generelle, bereits seit längerer Zeit bestehende Fehlernährung handeln.

Ein erheblicher Teil der täglich aufgenommenen Nährstoffe wird vom Hund für die ständige Bildung und das Wachstum von Haaren und Haut benötigt. Besonders trifft dies auf Eiweiß, aber auch auf einige Spurenelemente wie Zink, Kupfer oder auch Jod und Eisen zu.

Wenn die Versorgung mit notwendigen Nährstoffen nicht optimal ist, erscheinen die Haare glanzlos und struppig, die Haut zeigt vermehrte Schuppenbildung, oder es wird zu viel Talg abgesondert, sodass das Tier unter Umständen unangenehm riecht. Futtermischungen mit mangelhafter Eiweißqualität führen sehr schnell zu unerwünschten Veränderungen im Haarkleid.

Ursachen für Hauterkrankungen[1]	
Ursache	**Abhilfe**
Futter:	
• allgemeine Mangel-/Fehlernährung	→ Futterumstellung
• Mangel bestimmter Nährstoffe: Protein, essenzielle Fettsäuren, Zink, Eisen, Kupfer, Jod, Vitamine	→ Futterumstellung
• einseitiger Überschuss bestimmter Nährstoffe: z. B. Kalzium: dadurch geringere Absorption von Zink oder Kupfer	→ Futterumstellung
Hund:	
• genetische Veranlagung (Huskies, Bull Terrier)	→ züchterisch, Optimierung von Haltung und Fütterung
• Allergie bzw. Überempfindlichkeit	→ Tierarzt
• erhebliches Übergewicht (Hautfaltenbildung)	→ Tierarzt, Gewichtsreduktion
• Infektionen, Parasiten, Hormonstörungen	→ Tierarzt

[1] Grundsätzlich empfiehlt sich die Konsultation eines Tierarztes, besonders, wenn das Problem länger besteht.

Normalerweise haben Hunde in Mitteleuropa einen zweiphasigen Haarwechsel: im Frühjahr und im Herbst. Gerade in diesen Zeiten ist die Versorgung mit allen notwendigen Nährstoffen sicherzustellen. Es gibt allerdings erhebliche Unterschiede in Abhängigkeit von der Rasse.

Bei Zufütterung höherer Fettmengen – oft gerade in der guten Absicht, den Fellglanz zu verbessern – sollte daran gedacht werden, dass parallel auch die Proteinversorgung angehoben wird, wenn in der Gesamtration nur knappe Eiweißgehalte vorliegen. Gelegentlich kann auch eine zu geringe Fettversorgung zu Hautproblemen führen, insbesondere wenn nur wenig Linolsäure im Futter enthalten ist. Bei etwa 5 % Rohfett in einem Trockenalleinfutter bzw. mindestens 1 % in einem Feuchtalleinfutter sollte normalerweise der Bedarf an essenziellen Fettsäuren gedeckt sein. Es hat sich gezeigt, dass Hunde mit Fellproblemen auf die Ergänzung der Ration mit Leinöl oder auch mit Fischöl günstig reagieren können.

Spurenelemente haben für den Stoffwechsel der Haut erhebliche Bedeutung, insbesondere Zink, Kupfer, Eisen und Jod. Der wachsende Hund mit seinem höheren Bedarf kann hier eher in Mangelsituationen geraten. Zinkmangel führt zu geschwürigen Hautentzündungen, teilweise werden Verhärtungen und ein Aufreißen der Ballen beobachtet. In bestimmten Rassen (z. B. Bull Terrier und möglicherweise auch Siberian Husky) kommt bei einzelnen Tieren eine genetische Störung im Zinkstoffwechsel vor.

Selbst bei optimierter Nährstoffversorgung können Haut- oder Fellprobleme auftreten, wenn allergische Reaktionen des Organismus auf Inhaltsstoffe des Futters vorliegen.

In einem Teil der Fälle sind Umwelteinflüsse bzw. Allgemeinerkrankungen für Störungen an der Haut verantwortlich zu machen. Manche Hunde reagieren beispielsweise auf Pollen oder Gräser mit einem Hautausschlag, der dann nur zu bestimmten Jahreszeiten auftritt.

Nicht zuletzt kann durch erhebliches Übergewicht eine Hauterkrankung entstehen, insbesondere, wenn sich an einigen Körperstellen Hautfalten bilden, zwischen denen sich Bakterien in einer Art „ökologischer Nische" ansiedeln. Auch hier ist eine exakte tierärztliche Untersuchung angezeigt.

Abgesehen von diesen Problemfällen wird sich in der Praxis oft die Frage stellen, wie man einem Hund in besonderen Stresssituationen oder auch vor Ausstellungen zu einer „Topkondition" verhelfen kann. Ausgewogenes Futter, eine optimale Eiweißqualität und bedarfsdeckende Spurenelement- bzw. Vitaminversorgung sind und bleiben die besten Voraussetzungen. In Einzelfällen kann eine Zufütterung von Biotin oder von bestimmten Fetten (z. B. Fischöl) durchaus hilfreich zur Behandlung von Hautproblemen sein. Naturprodukte sind nicht immer unkritisch: So enthält beispielsweise Seealgenmehl, oft angeboten zur „Pigmentverbesserung", zum Teil erhebliche Jodmengen, sodass vor zu reichlicher Dosierung gewarnt werden muss.

Der Hund trinkt zu viel

Ein Hund nimmt täglich zwischen 40 und 70 ml Wasser pro kg seines Gewichtes auf, wobei ein Teil bereits über die im Futter enthaltene Flüssigkeit abgedeckt wird. Somit ist auch erklärbar, dass bei Verfütterung von Trockenfutter mehr Trinkwasser aufgenommen wird als bei Feuchtalleinfutter. Liegt die Wasseraufnahme des Hundes langfristig deutlich über den genannten Werten (siehe S. 50), so kann das verschiedene Ursachen haben.

Möglicherweise ist der Salzgehalt des Fertigfutters abnorm hoch. Die Wasseraufnahme steigt allerdings erst bei sehr hoher Salzgabe (> 1 g/kg Kör-

Ursachen für eine überhöhte Wasseraufnahme	
Ursache	Abhilfe
Futter: • zu hoher Rohfasergehalt • abnorm hoher Salzgehalt	→ Futterumstellung → Futterumstellung
Umgebung: • hohe Umgebungstemperaturen	→ Optimierung der Haltungsbedingungen
Hund: • Hormon- bzw. Stoffwechselstörung • Nierenerkrankung • Entzündung der Gebärmutter	→ Tierarzt → Tierarzt → Tierarzt

pergewicht/Tag) merklich an! Bei fettreicheren Mischfuttern wird meist weniger Trinkwasser konsumiert als bei kohlenhydratreichen Mischfuttern.

Sehr rohfaserreiche Mischfutter können dagegen zu einer verstärkten Füllung des Darmkanals und größeren Kotmengen führen, wobei entsprechend mehr Wasser benötigt wird. Auch bei hohen Außentemperaturen, körperlicher Beanspruchung sowie einigen Erkrankungen kommt es zu einer erhöhten Wasseraufnahme (siehe Tabelle Seite 109). Sind ernährungsbedingte Ursachen nicht erkennbar oder aber bleibt die abnorm hohe Wasseraufnahme bestehen, selbst wenn die Fütterung mehrfach geändert wurde, liegt der Verdacht nahe, dass eine innere Erkrankung vorliegt, z. B. hormonelle Störungen, Entzündungen der Gebärmutter oder chronische Nierenerkrankungen.

Eine häufige Ursache für überhöhte Wasseraufnahme stellt die Zuckerkrankheit (Diabetes mellitus) dar. Diese tritt insbesondere bei übergewichtigen Hunden vermehrt auf. Die Diagnose kann durch eine Harnuntersuchung bzw. durch eine Blutuntersuchung gestellt werden.

Der Hund wird zu dick

Übergewicht stellt auch für den Hund ein ernsthaftes Gesundheitsproblem dar. Nach vorliegenden Schätzungen ist davon auszugehen, dass bis zu ein Drittel der deutschen Hundepopulation ein zu hohes Gewicht aufweist, wobei ein kleinerer Anteil ein krankhaftes Übergewicht zeigt. Dieses kann

> Übergewicht stellt eine ernstzunehmende Gefahr für die Hundegesundheit dar.

zu ernsthaften Gesundheitsstörungen führen und bedingt gleichzeitig eine deutliche Verkürzung der Lebenserwartung.

Die Verfettung von Hunden muss nicht zwangsläufig eine Art Zivilisationskrankheit sein; in einigen Fällen liegt eine krankhafte innere Ursache vor, etwa eine Fehlfunktion der Schilddrüse oder der Nebenniere.

Das Körpergewicht ist zwar ein brauchbarer, allerdings nicht immer verfügbarer Maßstab für die Einschätzung des Ernährungszustandes, da für einige Rassen und natürlich für Mischlinge keine verlässlichen Normalgewichte vorliegen. Sofern das Standardgewicht der Rasse bekannt ist, sollte es jedoch zur Beurteilung des Ernährungszustandes herangezogen werden. Bei Überschreitung um 10 % handelt es sich um eine beginnende, bei höheren Abweichungen um eine deutliche bis erhebliche Verfettung (siehe Tabelle S. 54).

Die Verfettung entwickelt sich allmählich und ist gekennzeichnet durch eine sogenannte dynamische Phase, in der Fett eingelagert wird, und eine statische Phase, wenn das Ansatzvermögen erschöpft ist.

Während der Hund in der dynamischen Phase mehr Futter aufnimmt, als ihm eigentlich zusteht, kann während der statischen Phase eine vergleichsweise geringe Futtermenge ausreichen, um das hohe Übergewicht aufrecht zu erhalten: Der Hund frisst dann häufig „normal". Daher ist es für

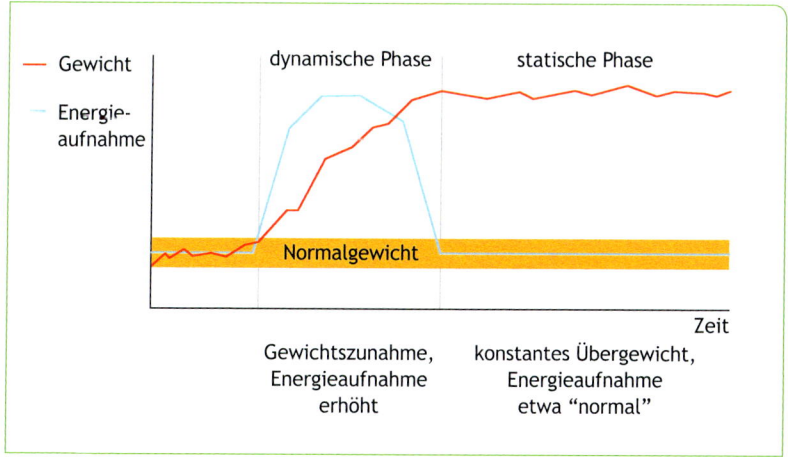

Übergewicht entsteht allmählich in der dynamischen Phase und bleibt in der statischen Phase konstant.

Ursachen für eine Verfettung	
Ursache	Abhilfe
Futter: • zu hohe Futtermenge • Futter sehr energiereich • zu viele Leckerbissen/Belohnungen/ Besänftigungen	→ Reduktion der Futtermenge → Umstellung auf energieärmere Mischung → Reduktion der Zuteilung
Haltung : • zu wenig Bewegung	→ mehr Aktivität
Hund: • Rassenveranlagung • Geschlecht/Kastration • Hormon- bzw. Stoffwechselstörung	→ züchterische Bekämpfung → Optimierung Fütterung/Haltung → Tierarzt

viele Tierhalter erstaunlich, dass trotz der relativ geringen Futtermengen, die Sie Ihrem Hund geben, eine Verfettung vorliegt.

Die Folgen eines lange bestehenden Übergewichtes sind gravierend und führen zu einer Art Teufelskreis:

– Die Bewegungsaktivität lässt nach,

– Gelenke und Sehnen sind durch das hohe Gewicht überlastet,
– der Kreislauf ist weniger leistungsfähig,
– das Risiko für weitere Erkrankungen, wie Diabetes (Zuckerkrankheit) oder auch Tumoren, steigt an,
– das Narkoserisiko erhöht sich.

Leckerbissen können zu erheblichen Teilen dazu beitragen, dass eine massive Energieüberversorgung entsteht. Speisereste, Belohnungen und Zusatzfutter können sich im Laufe eines Tages zu einem signifikanten Energiebetrag summieren. Dies sollte allen Familienmitgliedern klargemacht werden.

Übergewicht ist also ein schleichender Prozess, den man mit etwas Aufwand problemlos verhindern kann. Leider werden viele Hunde überfüttert, da Familienmitglieder bzw. betreuende Personen jeweils unabhängig voneinander Futter zuteilen. Eine erfolgreiche Vorbeugung ist nur möglich, wenn alle an einem Strang ziehen!

Ein anderes Problem ist, dass die Variation des individuellen Energiebedarfs eines Tieres erheblich ist: Es gibt Hunde, die mit deutlich weniger Futter auskommen als andere. Weiterhin ändert sich der Futterbedarf im Laufe des Lebens und in Abhängigkeit von den Beanspruchungen.

Da Fütterungsempfehlungen immer auf einem mittleren Wert beruhen, kann im Einzelfall eine Fehleinschätzung des tatsächlichen Bedarfs vorliegen. Angenommen, es werden für ein Trockenalleinfutter für Hunde von 10 kg Gewicht 200 g je Tag empfohlen, so wird diese Menge für die meisten Tiere tatsächlich passen. Einige Hunde werden jedoch 30 % mehr benötigen (das sind bis zu 260 g Futter/Tag), weil sie aktiver sind als der Durchschnitt, über eine weniger wirksame Wärmeisolierung verfügen oder im Freien gehalten werden. Andere benötigen dagegen 30 % weniger, also nur 140 g/Tag, da

sie weniger temperamentvoll sind, zudem meistens in der Wohnung gehalten werden und nur wenig Gelegenheit zum Auslauf erhalten. Werden nun trotzdem die empfohlenen 200 g Futter je Tag gegeben, erhält das Tier somit 60 g Futter im Überschuss. Bei diesem Luxuskonsum setzt ein Hund pro Tag über 10 g Fett an.

Besonders veranlagt zur Verfettung sind Labrador Retriever, Cairn Terrier, Cocker Spaniel, Langhaardackel, Bassets oder auch Beagle. Natürlich finden sich auch in anderen Rassen oder unter Mischlingen verfettete Tiere. Es ist zudem bekannt, dass kastrierte Hunde, egal ob männlich oder weiblich, zu vermehrter Fetteinlagerung neigen. Diese Tendenz verstärkt sich mit zunehmendem Lebensalter.

Dominante Hunde neigen in Gruppenhaltung eher zur Verfettung als Tiere mit weniger ausgeprägtem Durchsetzungsvermögen, da sie sich die besten und größten Futterbrocken sichern.

Sollte eine reduzierte Fütterung aufgrund besonderer Verhaltensweisen des Hundes (Betteln, Aggressivität) nicht durchführbar sein, besteht die Möglichkeit, das Tier mit einer speziellen Diätnahrung (siehe Tabelle S. 113 f.) vom Tierarzt zu versorgen. Solche Reduktionsdiäten enthalten in höherem Umfang pflanzliche Faserstoffe, sodass die Energiedichte sowie die Verdaulichkeit entsprechend gering sind.

Unterstützt werden alle Diätmaßnahmen durch vermehrte Bewegung, sofern nicht schon ernste Gelenk- oder Kreislaufprobleme vorliegen. Normalgewichtige Tiere sind aktiver, bewegungsfreudiger und gesünder. Es hat sich gezeigt, dass eine gezielte Physiotherapie die Gewichtsreduktion erfolgreich unterstützen kann. Entsprechende Programme werden zunehmend von Tierarztpraxen angeboten.

Diätfuttermittel – für (fast) alle Fälle

Für erkrankte Hunde oder Tiere, bei denen dauerhaft Stoffwechselstörungen vorliegen, kann es sinnvoll sein, spezielle Diätfuttermittel einzusetzen.

Die Bezeichnung Diätfutter ist bestimmten Produkten vorbehalten, die entsprechende, gesetzlich festgelegte Anforderungen erfüllen müssen. Im Zweifel kann man sich durch einen Tierarzt beraten lassen. Eine Aufstellung über Ernährungszweck und die wesentlichen ernährungsphysiologischen Eigenschaften zeigt die folgende Tabelle.

Übersicht über die Diätfuttermittel	
Ernährungszweck	Wesentliche ernährungsphysiologische Merkmale
Regulierung der Glucoseversorgung, Diabetes mellitus	niedriger Kohlenhydratgehalt mit schneller Glucosefreisetzung
Unterstützung der Hautfunktion bei Dermatose und übermäßigem Haarausfall	hoher Gehalt an essentiellen Fettsäuren
Unterstützung der Herzfunktion bei chronischer Herzinsuffizienz	niedriger Natriumgehalt, weites Kalium/Natrium-Verhältnis
Regulierung des Fettstoffwechsels bei Hyperlipidämie	niedriger Fettgehalt, hoher Gehalt an essentiellen Fettsäuren
Verringerung der Kupferspeicherung in der Leber	niedriger Kupfergehalt
Unterstützung der Leberfunktion bei chronischer Leberinsuffizienz	hochwertiges Protein, mittlerer Proteingehalt, hoher Gehalt an essentiellen Fettsäuren und hoher Gehalt an leicht verdaulichen Kohlenhydraten
Minderung von Nährstoffunverträglichkeiten	ausgewählte Eiweißquellen oder ausgewählte Kohlenhydratquellen
Unterstützung der Nierenfunktion bei chronischer Niereninsuffizienz	Niedriger Phosphorgehalt, niedriger Proteingehalt, jedoch hochwertiges Protein
Verringerung der Oxalatsteinbildung	niedriger Kalziumgehalt, niedriger Vitamin-D-Gehalt, harn-alkalisierende Stoffe
Linderung akuter Resorptionsstörungen des Darms	hoher Elektrolytgehalt, leicht verdauliche Einzelfuttermittel

Ernährungszweck	Wesentliche ernährungsphysiologische Merkmale
Rekonvaleszenz/Untergewicht	hoher Energiegehalt, hohe Konzentration wichtiger Nährstoffe, leicht verdauliche Einzelfuttermittel
Unterstützung der Auflösung von Struvitsteinen	harn-säuernde Stoffe, niedriger Magnesiumgehalt, niedriger Proteingehalt, jedoch hochwertiges Protein
Verringerung der Gefahr des Wiederauftretens von Struvitsteinen	mittlerer Magnesiumgehalt, harn-säuernde Stoffe
Verringerung des Übergewichts	niedriger Energiegehalt
Verringerung der Uratsteinbildung	niedriger Purin- und Proteingehalt, jedoch hochwertiges Protein
Ausgleich bei unzureichender Verdauung	leicht verdauliche Einzelfuttermittel, niedriger Fettgehalt
Verringerung der Zystinsteinbildung	niedriger Proteingehalt, mittlerer Gehalt an schwefelhaltigen Aminosäuren, harn-alkalisierende Stoffe

Service

Berechnung der umsetzbaren Energie (ME) eines Futtermittels

Der Rechenweg besteht aus:
- der Errechnung des Bruttoenergiegehalts (Brennwert) des Futters,
- der Schätzung der scheinbaren Verdaulichkeit des Futters anhand des Rohfasergehalts,
- der Ableitung der verdaulichen Energie,
- der Berechnung der umsetzbaren Energie.

Der Gehalt an Bruttoenergie beträgt in dem Beispiel der Tabelle unten 1875 kJ/100 g. Er entspricht dem physikalischen Brennwert.

Schätzung der scheinbaren Verdaulichkeit anhand des Rohfasergehalts in der Trockensubstanz:
Zunächst wird der Rohfasergehalt von Frischsubstanz (FS) auf Trockensubstanz (TS) umgerechnet:
Rfa (g/100 g in FS)/TS (g/100 g) × 100
Hier: 3/90 × 100 = 3,33 g Rfa in 100 g TS

Die scheinbare Verdaulichkeit der organischen Substanz wird anhand des Gehaltes an Rohfaser in der Trockensubstanz berechnet:
(sV oS;%) = 91,2−1,43 × % Rfa in TS
Hier: 91,2−1,43 × 3,33 = 86,4 %

Schätzung der verdaulichen Energie (DE):
Die verdauliche Energie lässt sich aus der Bruttoenergie und der scheinbaren

Berechnung der Bruttoenergie durch Multiplikation der Gehalte an Nährstoffen mit ihren Brennwerten (90 % Trockensubstanz)					
	Angaben in % (= g/100 g)		Bruttoenergie in kJ je g		Bruttoenergie in kJ
Rohprotein:	27	×	23,9	=	645
Rohfaser:	3	×	17,2	=	52
Rohfett:	12	×	39,4	=	473
Rohasche:	7				
NfE (errechnet)	41,0	×	17,2	=	705
Summe Bruttoenergie					1875 kJ/100 g (1,875 MJ/100 g)

Verdaulichkeit der organischen Substanz ermitteln:
verdauliche Energie in kJ/100 g = scheinbare Verdaulichkeit der organischen Substanz (%) × Bruttoenergie in kJ/100 g
Hier: 86,4 × 1875 : 100
= 1621 kJ/100 g (= 1,621 MJ/100 g)

Berechnung der umsetzbaren Energie (ME):
In diesem Schritt werden die erwarteten Energieverluste über den Harn berücksichtigt, die mit der Aufnahme an Rohprotein zusammenhängen:
Umsetzbare Energie (ME) = verdauliche Energie (DE) − (4,35 kJ × % Rohprotein)
Hier: 1621 kJ − 117,6 kJ = 1503 kJ/100 g (= 1,503 MJ/100 g)

Nährstoffgehalte in Futtermitteln für Hunde

Die nachfolgende Tabelle soll dabei helfen, eigene Futtermischungen für Hunde zu berechnen. Sie liefert Anhaltspunkte zum Energiegehalt sowie zu den wichtigsten Nährstoffgehalten. Die Angaben beziehen sich jeweils auf 100 g Frischmasse.

Energie- und Nährstoffgehalte in Futtermitteln für Hunde (je 100 g)

	Trocken-substanz	N freie Extraktstoffe	Roh-faser	verd. Roh-protein	ums. Energie	Linol-säure	Kalzium	Phos-phor	Zink	Vitamin A (teils aus Carotin berechnet)
	[g]	[g]	[g]	[g]	[MJ]	[g]	[mg]	[mg]	[mg]	[IE]
1. Fleisch										
Bauch, Schwein	56	1,1		12	1,83	2,9	1	55	1,60	50
Brust, Huhn	26	1,1		21	0,46	0,2	14	212	1,00	25
fettarm, Pferd	26	1,5		17	0,53	0,1	15	150	2,50	20
fettarm, Rind	27	1,0		21	0,55		4	194	4,20	50
Herz, Rind	24	0,9		17	0,52	0,1	5	210	2,00	30
Huhn, ganz	29	1,4		19	0,60	0,7	528	421	0,85	25
Kaninchen	30	0,9		20	0,70		9	180	1,40	
Keule, Huhn	26	1,0		19	0,50	0,4	15	188	1,00	25
Keule, Schaf	38	1,1		18	1,07	0,5	10	213	3,70	50
Keule, Schwein	38	1,2		14	1,09	1,5	9	172	2,60	50
Kopffleisch, Rind	45	1,0		17	1,31	0,6	10	160	3,00	50
Schnitzel, Schwein	31	1,1		20	0,71	0,6	3	204	1,90	50
Schulter, Schaf	43	1,1		16	1,31	0,6	9	155	2,90	50
2. Leber und Niere										
Leber, Huhn	29	0,6		21	0,59	0,7	7	240	3,00	42.667
Leber, Rind	28	3,6		19	0,53	0,6	7	360	4,00	51.000
Leber, Schaf	29	2,6		20	0,57	0,2	8	360	4,00	31.667
Leber, Schwein	29	1,6		19	0,61	1,0	7	360	7,00	130.333
Niere, Kalb	25	0,4		16	0,54	0,1	10	170	2,40	700

	Trocken-substanz	N freie Extraktstoffe	Roh-faser	verd. Roh-protein	ums. Energie	Linol-säure	Kalzium	Phos-phor	Zink	Vitamin A (teils aus Carotin berechnet)
	[g]	[g]	[g]	[g]	[MJ]	[g]	[mg]	[mg]	[mg]	[IE]
Niere, Rind	25	0,7		14	0,57	0,1	10	220	1,90	1.100
Niere, Schwein	23	0,7		16	0,48	0,2	8	260	2,60	200
3. Sonstige Tierkörperteile und Wurstwaren										
Blut, frisch	19	0		17	0,34		9	35	0,30	
Fleischwurst	44	0,5		11	1,34	1,5	14	130	1,40	
Leberwurst	56	1,0		12	1,77	2,0	40	155	2,30	4.900
Rückenspeck, Schwein	93	0,2		2	3,47	6,4			0,37	
Salami (deutsche)	73	0,5		17	2,21	2,5	35	150	1,70	
4. Milch und Milchprodukte										
Vollmilch, Rind	13	4,7		3	0,28		115	95	0,50	100
Magermilch, Rind	9	4,8		3	0,14	2,0	115	95	0,50	
Emmentaler Käse (40 % Fett in TS)	65	4,0		23	1,57	0,4	1.100	810	4,63	1.150
Frischkäse, Hüttenkäse (20 % Fett in TS)	22	3,0		12	0,44		85	165	0,50	40
Joghurt (3,5 % Fett)	13	4,6		3	0,27		120	92	0,38	
Quark, mager	21	2,5		16	0,37		70	190	0,57	45
Sahne, > 30 % Fett	38	3,5		2	1,21	0,8	80	63	0,30	1.050
5. Ei und Eiprodukte										
Vollei, hartgekocht	27	1,0		11	0,69	1,3	50	240	1,50	1.200
Eierschalen, ungewaschen, getrocknet	99						37.000	150	12,00	
6. Vormägen und Mägen										
Pansen, geputzt	20	0,7		11	0,50	0,1	20	40	1,40	30
Pansen, grün	28	0,7	1,1	19	0,58	0,1	120	130	1,50	30
Pansen, Rind, getr.	90	3	0	51	2	0	90	180	6	135
Blättermagen, Rind	21	0,3		14	0,47	0,1	90	80	2,20	
Labmagen, Rind	22	0,3		11	0,57	0,2				
Magen, Schwein	31	0,4	0,7	14	0,82	1,0	20	115	1,80	
7. Bindegewebsreiche Schlachtabfälle										
Darm, Schwein	29	0,5		12	0,82	0,1	120	130	2,00	
Euter, Rind	24	0,9		12	0,55	0,2	115	160	1,40	
Grieben	55	0,4		28	1,41	1,5				

	Trocken-substanz	N freie Extraktstoffe	Roh-faser	verd. Roh-protein	ums. Energie	Linol-säure	Kalzium	Phos-phor	Zink	Vitamin A (teils aus Carotin berechnet)
	[g]	[g]	[g]	[g]	[MJ]	[g]	[mg]	[mg]	[mg]	[IE]
Lunge und Schlund, Rind, gekocht	82	1,3		59	1,60	0,3				
Lunge, Rind	19	0,3		14	0,36		9	165	1,60	150
8. Fisch und Fischmehle										
Aal, ungeräuchert	41			12	1,26	1,2	19	165	0,50	
Fischmehl 3–8 Rfe, 55–60 Rp	89	3,0		48	1,10	0,1	4.800	3.100	7,60	
Hering	37			15	1,03	0,3	40	150	0,50	130
Kabeljau (Dorsch)	18	-0,3		15	0,31		6	100	0,50	30
Makrele	32			17	0,79	0,2	25	150	0,50	190
Rotbarsch	23			17	0,44	0,4	25	115	0,50	40
Seelachs	21			15	0,32	0,1	14	300		18
Stockfisch	86	0,2		66	1,36		60	450		
9. Tiermehle										
Blutmehl	89	2,1	0,3	66	1,34		160	140	2,60	
Fleischknochenmehl > 30 % Asche	93	3,0		41	1,16	0,2	15.200	7.300	9,10	
Fleischmehl > 70 % Rp	91	0,5		76	1,85	0,2	3.700	2.100		
Futterknochenschrot, nicht entleimt	90	4,1	0,7	13	0,31		18.000	8.700	7,70	
Geflügelmehl	90	2,5	0,5	55	1,61	2,0	1.600	1.100		
Geflügelfedermehl, hydrol.	90	0,3		40	0,89	0,3	280	120		
Griebenmehl	95		2,1	69	1,95		257	442		
Tiermehl	90	3,6	0,4	45	1,15	0,1	5.700	3.750	7,80	
10. Knochen und -produkte										
Knochen, Kalb	79	1,0		10	0,87	0,4	13.800	6.200	7,50	
Knochen, Schwein	83	2,0		8	0,82	0,6	14.700	6.900	13,00	
11. Getreidekörner										
Gerste, zerkl., aufgeschlossen	87	67,6	5,0	7	1,37	1,0	70	340	2,80	
Hafer, zerkl., aufgeschlossen	89	60,4	10,0	8	1,43	2,8	110	310	3,20	
Hirse, zerkl., aufgeschlossen	89	67,0	5,0	9	1,45	1,0	30	330	3,30	
Mais, zerkl., aufgeschlossen	87	69,6	2,4	7	1,42	2,1	35	280	2,70	370

	Trocken-substanz	N freie Extraktstoffe	Roh-faser	verd. Roh-protein	ums. Energie	Linol-säure	Kalzium	Phos-phor	Zink	Vitamin A (teils aus Carotin berechnet)
	[g]	[g]	[g]	[g]	[MJ]	[g]	[mg]	[mg]	[mg]	[IE]
Maisflocken, aufgeschlossen	98	81,9	2,3	5	1,52	1,5	15	60	0,30	
Reis, poliert, roh	89	80,9	0,1	6	1,47	0,1	6	120	1,30	
Reis, ungeschält, roh	89	64,2	8,7	8	1,38	0,9	45	325	1,40	
Roggen, zerkl., aufgeschlossen	87	71,6	2,5	8	1,40	0,6	75	285	2,90	250
Weizen, zerkl., aufgeschlossen	88	70,0	2,5	10	1,42	0,8	60	330	3,00	230
12. Getreidemehl, -flocken, Brot und Nudeln										
Gerstenmehl (+)	89	72,3	2,8	8	1,46	1,1	39	390		
Haferflocken, geschälte Körner (+)	91	66,5	3,0	9	1,61	3,0	80	390	3,20	
Hafermehl (+)	89	72,3	2,8	8	1,47	1,1	55	405		
Maisflocken	98	81,9	2,3	5	1,52	1,5	13	59	0,28	
Maisgrieß, aufgeschlossen	87	75,7	0,2	10	1,52	0,4				
Maismehl (+)	86	73,6	0,2	8	1,36	1,4				
Nudeln (+)	88	71,6		12	1,54	0,8	20	120	1,00	
Weizenbrot (Weißbrot)	61	49,7	1,2	7	0,86	0,6	60	90	0,80	
Weizenflocken (+)	98	81,0	1,6	10	1,59	1,0	40	310		
Weizenvollkornbrot	56	44,7	2,0	6	0,72	0,5	95	265	2,00	
13. Nebenprodukte der Getreideverarbeitung										
Eiweißarmes Erg. Futter	90	68,6	2,4	9	1,38	1,0	600	400		875
Maisfuttermehl, aufgeschlossen	88	67,6	4,0	9	1,38	2,3	70	445		
Maiskeime, aufgeschlossen	91	40,7	11,0	12	1,62	8,5				
Maiskleber, getrocknet	93	18,2	1,5	60	1,60	2,5				
Weizenkeime, aufgeschlossen	87	47,3	3,3	21	1,41	4,4	70	890	12,00	160
Weizenkleber, getrocknet	91	11,5		71	1,56	0,4	80	225		
Weizenkleie	86	51,6	11,0	7	0,84	2,3	160	1.100	7,60	260

(+) thermisch aufgeschlossen

	Trocken-substanz	N freie Extraktstoffe	Roh-faser	verd. Roh-protein	ums. Energie	Linol-säure	Kalzium	Phos-phor	Zink	Vitamin A (teils aus Carotin berechnet)
	[g]	[g]	[g]	[g]	[MJ]	[g]	[mg]	[mg]	[mg]	[IE]
14. Erbsen, Bohnen, Linsen										
Ackerbohnen (+)	87	48,0	9,0	21	1.21	0,3	180	430	2,00	100
Erbsen (+)	86	53,6	5,8	20	1,39	0,1	90	480	2,40	400
Gartenbohnen, weiß (+)	89	58,5	4,0	18	1,28	0,4	180	430	2,00	100
Linsen (+)	88	58,2	3,9	20	1,28		70	340	1,00	100
15. Nüsse, Ölsaaten und Rückstände der Ölgewinnung										
Leinextraktionschrot	89	36,6	9,5	28	1,09	0,8	410	870	6,00	
Leinsamen	89	22,7	7,7	18	1,80	16,0	250	480	7,30	
Mandeln, süß	93	15,7	1,8	13	2,39	10,0	250	460	3,00	60
Rapsextraktions-schrot	89	31,7	13,0	27	0,99	0,3	620	1.100	6,70	
Sojabohnen, getrocknet	88	26,1	6,5	26	1,49	8,3	265	490	3,40	300
Sojabohnenextraktionsschrot, entschält, getoastet	89	28,7	2,9	44	1,32	0,4	285	680	5,30	
Sojabohnenkonzentrat	92	17,3	3,4	58	1,33	0,3				
Sojaproteinisolat	94	2,4	0,3	79	1,66					
Tofu	15	0,5	0,5	7	0,31		130	110	0,30	
Walnüsse, ohne Schale	96	13,9	1,8	13	2,68	18,0	50	300	3,00	
16. Hefe										
Backhefe, frisch	29	9,0	0,3	14	0,39		30	610	2,60	
Bierhefe, frisch	23	5,7		12	0,32					
17. Kartoffeln, Rüben und Nachprodukte										
Kartoffelflocken, getr.	88	73,3	2,9	7	1,32	0,1	45	230	0,60	
Kartoffeln, gek.	22	17,5	0,6	2	0,34		10	60	0,30	
Möhren	13	8,7	1,2	1	0,1		50	35	0,40	6.700
18. Gemüse										
Grünkohl, gek.	16	7,2	2,0	3	0,21		130	45	0,50	2.100
Salat	9	3,8	1,0	1	0,07		30	20	0,20	630
Tomaten, geschmort	6	3,8	0,5	1	0,08		50	20	0,20	790
Zwiebeln, gek. *	7	3,0	0,8	1	0,08		31	42	1,40	

	Trocken-substanz	N freie Extraktstoffe	Roh-faser	verd. Roh-protein	ums. Energie	Linol-säure	Kalzium	Phos-phor	Zink	Vitamin A (teils aus Carotin berechnet)
	[g]	[g]	[g]	[g]	[MJ]	[g]	[mg]	[mg]	[mg]	[IE]
19. Obst										
Äpfel, frisch	16	14,4	0,8	0	0,15	0,1	9	10	0,10	60
Bananen, roh	25	20,6	0,5	1	0,25		7	30	0,20	170
Birnen, gekocht	18	15,2	1,7	0	0,25		15	20	0,10	90
Pflaumen, erhitzt	15	13,2	0,5	0	0,18		15	20	0,30	140
20. Fette, Stärke, Zucker										
Butter	84	0,3			3,10	1,8	16	20	0,30	2.000
Gänseschmalz	100				3,85	2,0				
Hammeltalg	98	1,0			3,74	3,3				
Lebertran	99				3,81	2,5				99.000
Leinsamenöl	100				3,77	50,0				
Maiskeimöl	100				3,85	39,0	15			140
Rapssaatöl	100				3,77	20,0				
Rindertalg	98	0,2			3,74	2,8		7		900
Schweineschmalz	100				3,77	10,0				
Sojaöl	99				3,81	52,0			0,20	
Sonnenblumenöl	100				3,85	55,0				
Maisstärke, aufgeschl.	89	88,1	0,2		1,41			30		
Reisstärke, aufgeschlossen	86	85,6			1,47		20	50		
Weizenstärke, aufgeschlossen	88	87,5			1,40					
Rohrzucker (Saccharose)	100	100,0			1,70		1	0		
21. Strukturstoffe und sonstiges										
Futtercellulose	89	21,4	64,0	0	0,54					
Luzernegrünmehl, künstl. getrocknet	94	41,5	19,0	11	0,67	0,4	1.800	290	2,30	15.000
Rübenschnitzel, getrocknet	93	77,3	5,9	1	1,28		880	100	2,00	20
Stroh, gemahlen	89	38,9	41,0	1	0,59					
22. Mineralische Futtermittel										
Ca-Karbonat							37000			
Ca-Chloridx6H2O							21909			
Ca-Phosphat jod. Salz							21000	16000		

Glossar

Absorption: die Aufnahme von Nährstoffen über die Darmwand

Adipositas: Fettsucht bzw. Übergewicht mit Überschreiten des Normalgewichtes um 10 % und mehr

ad libitum: zur freien Aufnahme

Akzeptanz: die Aufnahmebereitschaft für das jeweilige Futter

alkalisch: basischer pH-Wert, laugenähnlich

Alleinfutter: auch als Vollkost oder Vollnahrung bezeichnet

Aminosäuren: Bausteine des Eiweißes, können zum Teil im Stoffwechsel hergestellt werden oder müssen über die Nahrung aufgenommen werden (= essenzielle Aminosäuren)

Aufbaudiät: oft fälschlich verwendeter Begriff, eigentlich ein besonders hochwertiges, energie- und nährstoffreiches Futter, das in besonderen Belastungssituationen eingesetzt werden kann

Ballaststoffe: entsprechen sinngemäß der Rohfaser

Ca: Abkürzung für Kalzium

Darmflora: die im Darm, teilweise auch im Magen des Hundes lebenden Bakterien

Deklaration: Kennzeichnung von Futtermitteln, Einzelheiten siehe S. 30

Diät: gezielte Fütterungsmaßnahme zur Behebung oder Abschwächung eines krankhaften Zustandes nach tierärztlicher Anordnung und Überwachung

Emulgator: Futterzusatzstoff zur Verhinderung einer Entmischung von Nahrungsfetten oder den übrigen Inhaltsstoffen

Energie: physikalischer Brennwert des Futters, Angabe in Megajoule (MJ) oder Kilojoule (kJ), früher auch Kalorien (cal, kcal)

Energiedichte: Energiegehalt in einer bestimmten Gewichtseinheit (z. B. in 100 g Trockensubstanz)

Enzym: Katalysator für chemische Reaktionen im Organismus, besonders auch für die Zerlegung der Nahrung

Ergänzungsfuttermittel: eingesetzt zur Ergänzung von Grundfuttermitteln, z. B. zur Verbesserung der Mineralstoff- und Vitaminversorgung bei hausgemachtem Futter

Erhaltungsbedarf: Bedarf an Energie bzw. Nährstoffen bei Tieren, die keine besonderen Leistungen erbringen müssen

essenziell: lebensnotwendig; gebräuchlich zur Charakterisierung bestimmter Amino- oder Fettsäuren

Flatulenz: Gasausscheidung aus dem Dickdarm

Futterkalk: Bezeichnung für Kalziumkarbonat, enthält ca. 37 % Kalzium und praktisch keine weiteren Nährstoffe (siehe S. 85)

Futtermittelrecht: regelt die Herstellung von Futtermitteln sowie den Umgang und Verkehr, besteht aus Futtermittelgesetz und -verordnung

Futterzusatzstoff: z. B. Farbstoffe, Konservierungsmittel, Spurenelemente, Vitamine (siehe S. 35)

Gluten: Eiweiß aus dem Getreide

Herzinsuffizienz: ungenügende Leistung des Herzens, die zu verminderter Leistungsfähigkeit und weiteren Krankheitserscheinungen führt

IE: Internationale Einheit (Dimension für die Angabe von Vitamin A und D)

Inhaltsstoffe: Stoffe, die den Wert eines Futtermittels ausmachen und bei der Kennzeichnung aufgeführt werden müssen (siehe S. 30 ff.)

Joule: Einheit der Energie, oft als Kilojoule (1 kJ = 1000 Joule) oder Megajoule (1 MJ = 1000 kJ)

Kalorie: früher übliche Einheit zur Energiebewertung, 1 Kalorie = 4,18 Joule

Kalzium: Mineralstoff (siehe S. 57 ff.)

Kleber: Eiweiß aus Getreide (Gluten)

Koprophagie: Kotfressen

Laktose: Milchzucker (siehe S. 75)

mcg: gelegentlich vorkommende Abkürzung für „Mikrogramm" (µg = 1 Millionstel Gramm bzw. 1 Tausendstel Milligramm)

Mengenelemente: Kalzium, Phosphor, Magnesium, Natrium, Kalium, Chlorid, Schwefel

mg: Milligramm (1 Tausendstel Gramm)

Mikronisieren: trockenes Erhitzen von Futter, Aufschluß zur Verdaulichkeitssteigerung

Mineralstoffe: Oberbegriff für Mengen-und Spurenelemente

NfE: stickstofffreie Extraktstoffe

N-freie Extraktstoffe: Nährstoffgruppe aus der Weender Analyse (siehe S. 13)

Niereninsuffizienz: ungenügende Ausscheidungsfunktion der Nieren, besonders ältere Hunde betreffend

Obstipation: Verstopfung

Osteodystrophie: Entkalkung und bindegewebiger Umbau des Knochens, führt zu geringerer Tragfähigkeit des Knochens

Pankreas: Bauchspeicheldrüse

P: Abkürzung für Phosphor

Phytin: in einigen pflanzlichen Produkten vorkommende phosphorhaltige Verbindung, führt zu verminderter Verfügbarkeit von Kalzium, Zink und Phosphor

Protein: Eiweiß

Rachitis: Knochenentkalkung durch Kalzium- und/oder Vitamin-D-Mangel, beim Hund sehr selten

Reduktionskost: Abmagerungsdiät

Ra: Rohasche (siehe S. 13)

Rfa: Rohfaser (siehe S. 13)

Rfe: Rohfett (siehe S. 13)

Rohnährstoff: Nährstoffgruppe nach der Weender Analyse (siehe S. 13)

Rp: Rohprotein (siehe S. 13)

Spurenelemente: in geringen Mengen im Körper vorkommende Mineralstoffe, z. B. Eisen, Zink, Kupfer, Jod

Schleimhaut: innere Auskleidung von Magen und Darm, resorbierende Oberfläche

stickstofffreie Extraktstoffe: N-freie Extraktstoffe; Bezeichnung für die im Futter enthaltenen Kohlenhydrate (siehe S. 13)

Trockensubstanz: (siehe S. 13)

Umsetzbare Energie: für den Stoffwechsel verwertbare (metabolisierbare) Energie

ungesättigte Fettsäure: nicht vollständig mit Wasserstoff abgesättigte Fettsäure

ursprüngliche Substanz: die Frischsubstanz eines Futtermittels, umfaßt Trockensubstanz und Rohwasser

Verdaulichkeit: Maßstab für die Aufnahme von Futterbestandteilen über die Darmwand in den Körper (siehe S. 20)

Vitamin: lebensnotwendiger organischer Stoff, der in geringen Mengen aufgenommen werden muss

vitaminierte Mineralfutter: Mineralfutter mit Zusatz von Vitaminen, ergänzen selbstgemischte Rationen (siehe S. 84)

Weender Futtermittelanalyse: Verfahren zur Bestimmung der Rohnährstoffe (siehe S. 13)

Register

Literatur

Hand, M., C. D. Thatcher, R. L. Remillard, P. Roudebush, B. J. Novotny (2010): Small Animal Clinical Nutrition, Mark Morris Institute, Kansas

Meyer, H., J. Zentek (2010): Ernährung des Hundes. Grundlagen und Praxis, MVS Verlage, Stuttgart

Souci, S. W., W. Fachmann, H. Kraut (2008): Die Zusammensetzung der Lebensmittel. Nährwerttabellen. 7. Auflage, Wiss. Verlagsgesellschaft, Stuttgart

Bildquellen

Impressum

Die in diesem Buch enthaltenen Empfehlungen und Angaben sind vom Autor mit größter Sorgfalt zusammengestellt und geprüft worden. Eine Garantie für die Richtigkeit der Angaben kann aber nicht gegeben werden. Autor und Verlag übernehmen keinerlei Haftung für Schäden und Unfälle. Der Leser sollte bei der Anwendung der in diesem Buch enthaltenen Empfehlungen sein persönliches Urteilsvermögen einsetzen.

Bibliografische Information der Deutschen Bibliothek

Die Deutsche Bibliothek verzeichnet diese Publikation in der Deutschen Nationalbibliothek; detaillierte bibliographische Daten sind im Internet über http:/dnb.ddb.de abrufbar.

Hinweis: Der Verlag Eugen Ulmer ist nicht verantwortlich für die Inhalte der im Buch genannten Websites.

© 1997, 2012 Eugen Ulmer GmbH & Co.
Wollgrasweg 41, 70599 Stuttgart (Hohenheim)
Internet: www.ulmer.de
Lektorat: Kathrin Gutmann, Anne-Kathrin Gomringer
Herstellung: Ursula Stammel
Satz: pagina GmbH, Tübingen
Druck und Bindung: Firmengruppe APPL, aprinta druck, Wemding
Printed in Germany

ISBN 3-8001-5960-4